新一轮农村电网改造升级工程建设管理

国网福建省电力有限公司　组编

范桂有　主编

·北京·

内 容 提 要

农村电网改造升级工程是一个系统性工程，涉及规划立项、设计管理、物资管理、施工管理、工程验收与后评估、工程审计监督、档案管理等许多方面。本书旨在将各地在实施过程中涌现出的许多好的做法与经验进行总结，为农村电网改造升级工程建设提供切实可行的工作方法。

本书共九章，第一章概述农村电网的现状、改造升级的主要程序和内容；第二～八章大致按照农网改造升级工程建设管理的主要流程，分别介绍规划立项、设计管理、物资管理、施工管理、工程验收与后评估、工程审计监督以及档案管理等内容；第九章通过典型工程案例形式介绍各地的经验与做法。

本书可供从事农村电网规划设计、建设施工与管理的工程技术人员使用，也可为从事电网规划和配电网工程管理人员提供参考。

图书在版编目（CIP）数据

新一轮农村电网改造升级工程建设管理 / 范桂有主编 ; 国网福建省电力有限公司组编. -- 北京 : 中国水利水电出版社, 2017.12
ISBN 978-7-5170-6094-9

Ⅰ. ①新… Ⅱ. ①范… ②国… Ⅲ. ①农村配电－电网改造－工程管理－中国 Ⅳ. ①TM727.1

中国版本图书馆CIP数据核字(2017)第302380号

书　名	**新一轮农村电网改造升级工程建设管理** XIN YI LUN NONGCUN DIANWANG GAIZAO SHENGJI GONGCHENG JIANSHE GUANLI
作　者	国网福建省电力有限公司　组编 范桂有　主编
出版发行	中国水利水电出版社 (北京市海淀区玉渊潭南路1号D座　100038) 网址：www.waterpub.com.cn E-mail：sales@waterpub.com.cn 电话：(010) 68367658（营销中心）
经　售	北京科水图书销售中心（零售） 电话：(010) 88383994、63202643、68545874 全国各地新华书店和相关出版物销售网点
排　版	中国水利水电出版社微机排版中心
印　刷	北京瑞斯通印务发展有限公司
规　格	184mm×260mm　16开本　11.5印张　273千字
版　次	2017年12月第1版　2017年12月第1次印刷
印　数	0001—2000册
定　价	**48.00**元

凡购买我社图书，如有缺页、倒页、脱页的，本社营销中心负责调换

本书编委会

主　编： 范桂有

副主编： 陈石川　姚　亮

编　委： 黄荔苹　王　健　梁宏池　洪海涛　耿光飞
李明春　冯晓群　张宏源　刘文泉　靳继勇
何　平　范云其　方　亮　匡　薇　张延峰
严海潮

主　审： 刘长林

前　言

长期以来，农村地区一直是我国经济社会发展的薄弱环节，农村电网的整体发展水平也制约着我国全面建成小康社会这一目标的实现，城乡供电服务水平差距较大，必须进一步加强农村电网改造升级，让农村居民享受到与城市相当的电力基本公共服务，让农村经济社会发展得到足够的电力支撑。实施新一轮农网改造升级工程，是缩小城乡公共服务差距、惠及亿万农民的重要民生工程，是推进农业现代化、拉动农村消费升级的重要基础，是扩大有效投资、促进经济平稳增长的重要举措。

农村电网改造升级工程建设涉及规划立项、设计管理、物资管理、施工管理、竣工验收与后评估、工程审计监督、档案管理等许多方面。作者经过广泛调研，收集整理了各地在工程实施过程中涌现的好的经验和做法，供读者学习参考。

全书共分九章，第一章概述农村电网的现状、改造升级的主要程序和内容。第二～八章大致按照农村电网改造升级工程建设管理的主要流程，分别介绍规划立项、设计管理、物资管理、施工管理、工程验收与后评估、工程审计监督以及档案管理等内容。第九章以典型工程案例的形式向读者展示了各地农村电网改造升级建设中涌现的创新性经验或做法。本书适合从事农村电网规划设计、建设施工与管理的工程技术人员使用，也可作为从事电网规划与管理的研究人员的参考书。

本书由国网福建省电力有限公司范桂有主编，陈石川、姚亮副主编，国网天津市电力公司刘长林主审，其他各章节的编写人员为：中国农业大学耿光飞（前言、第一章）、国网浙江省电力公司湖州供电公司方亮、匡薇（第二章）、国网浙江省电力公司嘉兴供电公司何平、范云其（第三章）、国网宁夏电力有限公司冯晓群、国网宁夏电力有限公司银川供电公司张宏源（第四章）、国网山东省电力公司肥城市供电公司张延峰、国网河北省电力有限公司磁县供电分公司严海潮（第五章）、国网北京市电力公司李明春（第六章）、国网福建省电力有限公司黄荔莘、陈石川、王健（第七章）、国网青海西宁供电公司刘文泉、靳继勇（第八章）。第九章的内容由上述单位或个人提供。在编写过程中，也得到全国输配电协作网专家、同仁的大力支持，在此一并致谢！

由于时间和水平所限，书中难免会有不妥之处，敬请广大读者批评指正。

编者

2017年10月

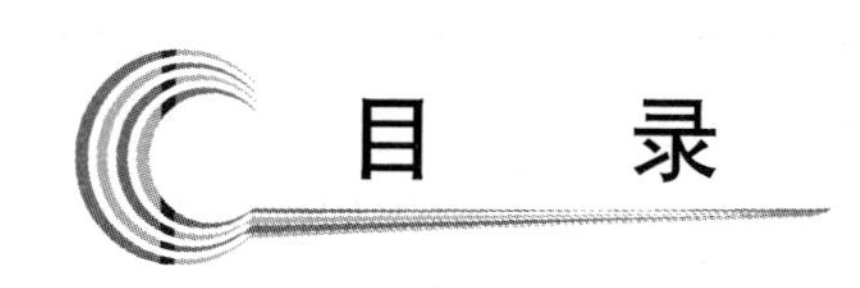

目　录

第一章　概　　述

第一节　农村电网现状与存在问题

自1998年以来，国家陆续进行农村电网改造、县城农村电网改造、完善中西部地区农村电网、无电地区电力建设，使农村电网的整体面貌有了明显改善。但是由于我国农村电网服务的人口众多、地域辽阔，且区域发展不平衡，农村电网相对于城市电网具有比较明显的特殊性，其负荷特性、负荷密度与城市电网相比均有较大的差异，其供电可靠性、供电能力、电能质量等方面发展水平也相对落后。当前农村用电量仍在较快增长，供用电需求呈现多样化发展趋势，农村电网难以满足新时期农村经济社会发展的需求。

当前农村电网存在的问题主要表现在以下几个方面。

（一）部分农村地区供电能力不足，网架薄弱，供电可靠性与电能质量较低

农村电网设施基础相对薄弱，部分地区配电设备容量不足，可靠性偏低。比如，单电源供电的情况比较普遍；网架结构薄弱，故障情况下负荷转移能力较差，满足“$N-1$”可靠性准则的占比低等问题；部分中压配电线路供电半径大、联络率偏低，导致农村地区低电压和供电“卡脖子”等矛盾突出；配电变压器和低压线路供电半径不合理，低压线路末端用电质量低，难以满足用电需求。

2015年，农村全社会用电量近3万亿kWh、人均生活用电量496kWh，分别比2010年增长53%和58%。在农村用电量快速增长的背景下，农村电网建设改造相对滞后，农村地区电力保障出现了新的情况和问题。2015年，全国农村户均停电时间为51.7h，而城市只有4.1h；农村电网综合电压合格率94.96%，较城市电网低4.99个百分点，农村户均配变容量1.67kVA，仅为城市电网户均配变容量的45.4%。贫困县农村10kV线路互联率仅为全国平均水平的35.1%，平均供电距离是全国的2倍，户均配变容量仅为全国平均水平的一半。贫困地区和偏远少数民族地区农村电网是当前最薄弱的环节，“十三五”时期急需加快改造升级的步伐。

（二）技术装备能效水平较低，存在安全隐患

部分地区老旧设备较多，能耗高、效率低。截至2015年年底，农村电网运行10年以上的10～110kV变压器比例超过30%，且有相当数量的变压器等设备在超期服役。部分线路和变压器长时间重载或超载，无功补偿不足或利用率低。

一些农村电网线路存在安全隐患，对自然灾害抵御能力差，线路绝缘化率低，事故发生率较高。有些地方存在线路老化，沿海盐雾、台风、山区覆冰以及严重化工污秽区域存在故障率高、频繁停电等现象。部分配电设施隐患突出，运行维护不到位，故障抢修不及时。低压台区仍有大部分配变未安装带有低压保护功能的综合配电箱，且无法保护变压器和切断低压故障线路。

（三）农村电网难以满足当前农村经济社会发展的新要求

随着农村经济和社会的发展，农村的用电需求也出现了新的变化，如：温室大棚、水产养殖、灌溉、空调冷库、农产品加工等现代农业设施的用电需求稳步增长；部分地区冬季利用电能采暖；分布式可再生能源发电并网；电动汽车、电动自行车充电等新型用电需求在增加，等等。在新的形势下，农村电网大规模改造升级势在必行，农村电网在标准化建设、信息化、互联网＋等创新技术应用方面尚有很多工作要做。

新一轮农村电网改造升级工程为解决上述问题带来了重要机遇，需要加强城乡电网统一规划，统筹推进城乡建设一体化和公共服务均等化。将农村电网规划纳入城乡发展规划和土地利用规划，合理布局供电设施，实现与其他市政基础设施的协同发展。统筹兼顾新能源、分布式电源和电动汽车等多元化负荷发展，满足各类接入需求。

第二节 原则目标与主要程序和内容

一、原则与目标

（一）总体思路

规划引领，有序推进。坚持先规划、后建设，切实加强规划的科学性、权威性和严肃性。科学制定农村电网目标，远近结合、分步实施。科学划分供电区域，明确可靠性目标，按照差异化、标准化、适应性和协调性的原则发展农村电网。

（二）基本原则

一是规划引领原则。坚持先规划、后建设，根据农村地区经济发展水平，按照可靠性需求和负荷重要程度以及负荷密度，将供电区域划分为A、B、C、D四类，提出差异化的目标。

二是标准化原则。坚持统一规划、统一标准，推行模块化设计和标准化建设，实现网架结构规范化，设备选型序列化。

三是适应性原则。满足农村地区经济社会发展对用电的需求，适应城镇化发展和产业结构调整对农村电网的要求，适应分布式电源高渗透率接入及用电需求多元化的趋势。

四是协调性原则。坚持发展需求与投资能力、主网与配网、建设与改造、配网发展与用户接入相协调；坚持农村电网发展与外部环境、电价政策，公用资源与用户资源相协调。

（三）总体目标

2016年2月16日，国务院办公厅转发国家发展改革委《关于“十三五”期间实施新一轮农村电网改造升级工程的意见》（国办发〔2016〕9号），要求加快新型小城镇、中心村电网和农业生产供电设施改造升级。结合推进新型城镇化、农业现代化和扶贫搬迁等，积极适应农产品加工、乡村旅游、农村电商等新型产业发展以及农民消费升级的用电需求，科学确定改造标准，推进新型小城镇（中心村）电网改造升级。结合高标准农田建设和推广农业节水灌溉等工作，完善农业生产供电设施，加快推进机井通电，到2017年年底，完成中心村电网改造升级，实现平原地区机井用电全覆盖。积极适应农业生产和农村消费需求，大力实施“两个替代”战略，全面推进以电代煤、以电代油，电从远方来、来的是清洁电，为促进农村经济社会发展提供电力保障。

国家发展改革委《关于“十三五”期间实施新一轮农村电网改造升级工程意见的通知》提出，要积极适应农业生产和农村消费需求，突出重点领域和薄弱环节，实施新一轮农村电网改造升级工程。到2020年，全国农村地区基本实现稳定可靠的供电服务全覆盖，供电能力和服务水平明显提升，农村电网供电可靠率达到99.8%，综合电压合格率达到97.9%，户均配变容量不低于2kVA。东部地区基本实现城乡供电服务均等化，中西部地区城乡供电服务差距大幅缩小，贫困及偏远少数民族地区农村电网基本满足生产生活需要。县级供电企业基本建立现代企业制度。

二、主要程序和内容

从规划设计与管理的角度来看，农村电网改造升级涉及的主要程序和内容主要有规划立项、设计管理、物资管理、施工管理、竣工验收与后评估、工程审计监督、档案管理等。

规划立项往往是农村电网改造升级实施过程遇到的第一个重要程序，首先通过可行性研究来论证项目建设的必要性及可行性，确定项目的技术方案及主要工程量。然后进入项目储备库管理的流程。最后根据项目评级下达建设计划。

在农村电网改造升级中，管理办法和技术标准也在不断完善。国家能源局、国家电网公司及各网省公司出台了一系列关于工程管理、规划可研、设计等方面的配套标准。在工程实践中，需要加强对规划设计导则、管理办法和规范的理解，提高设计方案、材料选型等工程环节的标准化、规范化，这对统一建设标准，提高配网可靠性、适应性与灵活性，提高经济效益等方面具有重要意义。

物资管理是农村电网改造升级工程管理的重要一环，包括物资需求管理、物资仓储及配送、物资抽检、废旧物资处置和标准物料目录等五个方面。书中将对物资管理各个环节以及需要注意的问题和细节进行阐述，并结合具体工程案例进行分析，方便读者参照执行。

施工管理阶段不但包含建设计划、施工组织、技术、安全和工艺质量等多项专业知识，同时还涉及参与人员较多，工作点多面广，安全隐患多、工艺质量要求高等要求。因此，农村电网改造升级工程的质量、效益与施工管理环节密切相关。

竣工验收指工程项目整体竣工后，建设单位会同设计、施工、监理、设备供应单位，对项目是否符合规划设计要求，以及建筑施工和设备安装质量进行全面检验，取得竣工合格资料、数据和凭证。工程项目的竣工验收是施工全过程的最后一道程序，也是工程项目管理的最后一项工作。它是建设投资成果转入生产或使用的标志，也是全面考核投资效益、检验设计和施工质量的重要环节，对促进建设项目及时投产，发挥投资效果，总结建设经验有重要作用。

工程项目后评估是在项目竣工后，以回顾的方式重新审视工程项目建设的成效。项目后评估的两项主要工作是技术评估和经济评估。技术评估的重点是检查工程项目实施后，对电网技术指标的改进情况，比如网架结构的完善情况、损耗的降低、重过载的消除或缓解、老旧设备的升级等。经济评估的重点是检查工程项目在经济方面的成效，即检查经济投入与产出之间的关系，通常包括企业层面的微观经济效益评价和社会层面的宏观效益评价，也可对项目建设过程中资金计划安排、支出使用方面的合理性进行评估等。另外，项目后评估也包括对项目建设全过程的检视，总结项目管理中的经验教训。

工程审计监督，是对农村电网改造升级工程项目从投标中标、组织施工到竣工交付使用全过程的经济活动和管理进行的审计，并对其最终绩效进行评价。它包括可研、决策、筹资、设计、招投标、合同、施工、结算、经济效益评估等阶段的审计，是一项综合性的高层次审计。工程审计监督的最终目标是确保工程质量、控制工程进度、降低工程成本及造价、提高投资效益。

农村电网改造升级工程项目的档案是依法决策、依法建设与管理农村电网工程的重要印证，也是后续运维利用的重要依据，是与电网工程相伴生的记忆工程、文化工程。建设管理单位要从服务电网发展与依法治企、留存珍贵记忆、传承企业优秀文化的高度，重视并切实抓好农村电网工程项目档案管理工作。

第二章　规　划　立　项

第一节　原　则　依　据

一、总体原则

农村电网改造升级应根据不同区域的经济社会发展水平、用户性质和环境要求等情况，因地制宜地合理选择相应的建设标准，满足区域发展和各类用户用电需求，提高电网对分布式新能源的接纳能力。

农村电网改造的前期工作包括规划、可行性研究以及立项管理等。科学合理地进行规划立项，能够提高农村电网建设的规范性和项目合理性，提高投资精准性。

农村电网改造升级按照“统一规划、分步实施、统筹协调、突出重点”的原则，统筹城乡发展及当地电价承受能力，以满足全面建成小康社会、新型城镇化建设、新农村建设、农业现代化等对电力的需求为目标，制定农村电网改造升级规划。农村电网改造升级项目在规划的指导下分年度实施。

农村电网改造规划应遵循设备全寿命周期管理的理念，落实国家、企业、行业对农村电网网架结构和设备选型的要求，全面执行农村电网工程标准化设计和标准化物料管理，并应坚持以下六项基本原则：

（1）协调发展原则。将农村电网规划纳入电网整体规划，输配电网协调发展；同时纳入地区发展总体规划，提前预留线路走廊和变电站站址，与地区发展相协调。

（2）适度超前原则。以负荷需求为基础，供电能力适度超前，提高农村电网适应性。

（3）安全可靠原则。构建灵活、坚强、可靠的农村电网网架，积极采用运行可靠、技术先进、自动化程度高的配电设备，全面提升农村电网技术装备水平和智能化水平。

（4）节能环保原则。遵循全寿命周期管理思路，积极采用小型化、低损耗、环保型、少维护或免维护设备和装置，建设“资源节约型、环境友好型”农村电网。

（5）标准统一原则。同类型地区全面统一规划技术原则，实现标准化建设、集约化发展，降低成本，提高投资效益。

（6）差异发展原则。考虑地区经济社会发展非均衡性，结合地区配电网现状及发展趋势，遵循差异化发展道路，制定各地区规划技术原则和发展目标。

二、原则依据

一般技术原则、中压配电网技术原则、低压配电网技术原则等可具体参照以下规范性参考文件：

《20kV 及以下变电所设计规范》（GB 50053）

《继电保护和安全自动装置技术规程》(GB/T 14285)

《地区调度自动化系统》(GB/T 13730)

《配电网规划设计技术导则》(DL/T 5729)

《农村电力网规划设计导则》(DL/T 5118)

《农村低压电力技术规程》(DL/T 499)

《新一轮农村电网改造升级技术原则》(国能新能〔2016〕73号)

《配电网规划设计技术导则》(Q/GDW 1738)

《电动汽车充换电设施接入电网技术规范》(Q/GDW 11178)

《配电自动化规划设计技术导则》(Q/GDW 11184)

三、规划目标

通过研究农村电网整体结构分析农村电网动态，研究农村电力需求变化规律，优化农村电网结构，提高农村电网供电可靠性，使农村电网具有充分的供电能力，满足农村电力需求，同时使农村电网的容量、有功功率和无功功率之间的比例趋于协调。合理的规划可促使农村电网最终成为供电、用电指标先进的电网，并使之成为设备更新、结构完善合理、技术水平与装备水平先进的电网。

四、规划方案

农村电网在规划时需要综合考虑农村电网供电的特殊性，以及电网规划的整体性。规划年限应与国民经济发展规划和城乡发展规划的年限一致，一般分为近期（5年）、中期（5～15年）和远期（15年以上）三种。

近期规划应根据县、乡（镇）、村国民经济和社会近期发展规划，分析农村电网现状，解决当前农村电网存在的主要问题，提出5年内农村电网结构调整和建设原则，确定逐年建设项目、时序及投资估算。

中期规划应根据县、乡（镇）、村国民经济和社会中期发展规划，以近期规划为基础、远期规划为指导，提出规划水平年农村电网布局、结构和建设项目。

远期规划应根据县、乡（镇）、村国民经济和社会长期发展规划、能源分布与开发状况，对农村电力市场、电源、负荷和环境等进行综合分析，提出可持续发展的农村电网建设基本原则和方向，确定农村电网电源布局、主网架等。

五、规划编制内容

农村电网改造升级规划分为县级规划、地市级规划、省级规划。各级发展策划部负责牵头组织编制本地区农村电网改造升级规划，省级发展策划部负责牵头组织编制本省（区、市）农村电网改造升级规划，在省级发展策划部指导下，地市级和县级发展策划部组织编制县级规划，必要时可编制地市级规划。

农村电网改造升级县级规划是编制省级规划的基础和前提，应提出本县域农村电网改造升级工程实施的目标、任务、建设重点等，落实到具体项目和投资需求。主要包括：本县域农村电网（包括县城）现状、供电服务现状、县级供电企业经营现状，存在问题；本县域农村电力市场需求预测，包括县城及各个乡镇；本县域农村电网改造升级的目标和主要任务，特别是小城镇、中心村农村电网改造升级和机井通电等；本县域上级电网建设需求；本县域农村电网改造升级项目布局和建设时序，项目应落实到具体建设地点；投资规模、资金来源及电价承受能力测算；实施效果及保障措施等。

农村电网改造升级县级规划应做好与本县级经济社会发展总体规划、新型城镇化建设规划、土地利用规划、移民搬迁规划、农业发展规划等相关规划的衔接，加快落实各项建设条件。

省级发展策划部应指导地市级和县级发展策划部编制好县级规划，并组织开展论证审查，将县级规划内容纳入省级规划。农村电网改造升级省级规划在汇总各县级规划基础上编制形成，规划内容应包括：本省（区、市）农村电网现状（包括历次改造的投资、已形成的工作量等）及存在问题；农村电力市场需求预测；农村电网改造升级的目标和主要任务；农村电网改造升级项目布局和建设时序；投资规模、资金来源及电价承受能力测算；实施效果及保障措施等。

规划中应单独提出贫困地区农村电网改造升级、小城镇（中心村）农村电网改造升级以及机井通电的目标、任务和措施等。农村电网改造升级各县级规划应作为附件，成为省级规划的一部分。

六、规划编制流程

（一）资料收集

配电网规划需收集的资料一般包括：国民经济发展规划、城乡总体规划、市政规划、统计年鉴等；规划区输配电网的设备及运行现状；上级电网规划以及电源规划等有关资料；地区及分区电量负荷资料；计划新增和待建的大用户名单、装接容量、合同电力需量，国家及地方重大项目及用电发展资料，具体项目的时间地点；规划区极端气象、地质等条件下电网运行及负荷资料；配电网工程综合造价以及电价资料等。

（二）配电网现状分析

分析地区功能定位、经济社会发展情况、配电网布局与负荷分布的现状，重点分析网架结构和设备原因对供电可靠性、线损产生的影响，以及极端气象或地质条件对现有配电网的影响。

（三）电力预测及分布

进行电量及负荷需求预测，包括总量、分区预测和空间负荷预测。由于影响电力需求，特别是农村电网需求特点等的不确定性因素较多，电力需求预测可采用多种方法进行。综合多种方法的预测结果，给出高、中、低预测方案，并提出一个推荐方案作为配电网规划设计的基础。

（四）电源规划情况分析

说明给配电网供电的电源规划情况，分别为110kV变电站、220kV变电站、接入配电网电压等级的发电厂（含分布式电源）。

（五）电力电量平衡

进行有功（无功）电力平衡，提出对配电网供电电源点（110kV、220kV及以上的变电站、接入配电网的发电厂及分布式电源等）的建设要求。

（六）确定规划技术原则

确定规划分期目标、电网结构原则、供电设施标准及技术原则，其中技术原则应具有一定的前瞻性、适应性和差异性。同时，考虑农村电网负荷特点等主要因素。

（七）编制近期规划

根据配电网现状、近期负荷预测及上级电源点近期规划，经过分析计算，编制近期的分年度规划。

（八）编制中期规划

根据配电网近期规划、中期负荷预测及上级电源点中期规划，经过分析计算，编制中期规划。

（九）编制远期规划

完成市政远景（饱和）规划的地区，还应编制的相应的配电网远景（饱和）规划。

（十）编制规划报告

编制规划说明书，绘制各规划期末的高中压配电网规划地理位置结线图（包括现状接线图）及系统接线图，形成规划报告。根据配电网分级管理要求，规划报告可分册进行编写，分为高压配电网规划分册和若干中低压配电网规划分册。县级供电企业可按照管理权限编制相应电压等级的配电网规划报告。

七、编制要求

近期规划应逐年滚动修编，中期规划应三年修编一次，远期规划应五年修编一次。当预测负荷有较大变动时，或县、乡（镇）总体规划、电力系统规划变动调整时，或电网技术有较大发展时，应对农村电网规划进行全面修编。

项目法人要根据本省（区、市）农村电网改造升级规划编制要求，在组织制定供区内各县级供区规划的基础上编制本企业规划，报省级发展策划部审查。县级供区规划同时报省级发展策划部。

规划实施过程中，根据实际情况变化，应及时组织调整修订省级规划，同时调整修订县级规划，并在修订后两个月内将调整修订情况报上级规划部门。

八、规划评价

为更好解决农村电网用户数量多，布点分散，负荷密度较小；电网结构复杂，分支级数较多和用电负荷季节性强，设备有效利用率较低等问题，农村电网完成规划编制后应按照以下标准进行评价。

（1）综合性标准：农村电网规划是否满足国民经济发展要求；能源交通、资金是否平衡；主要设备技术供给是否可靠；农村劳动力和科技人员的供需是否平衡；农村用电水平的增长及用电结构变化等。

（2）灵活性标准：在评价农村电网规划的弹性时，应检查编制规划的前提条件是否研究充分，在规划过程中是否充分预测其不确定性和风险性以及规划本身是否具有适应内外部条件变化的能力和措施。

（3）经济性标准：实施规划所需要的投资是否节省；规划实施后的运行维护费用是否节省；效果指标是否良好。

（4）科学性标准：农村电网规划的原始资料是否可信；规划方法是否科学；规划是否从实际出发，适合我国国情。

配电网规划流程如图 2－1 所示。

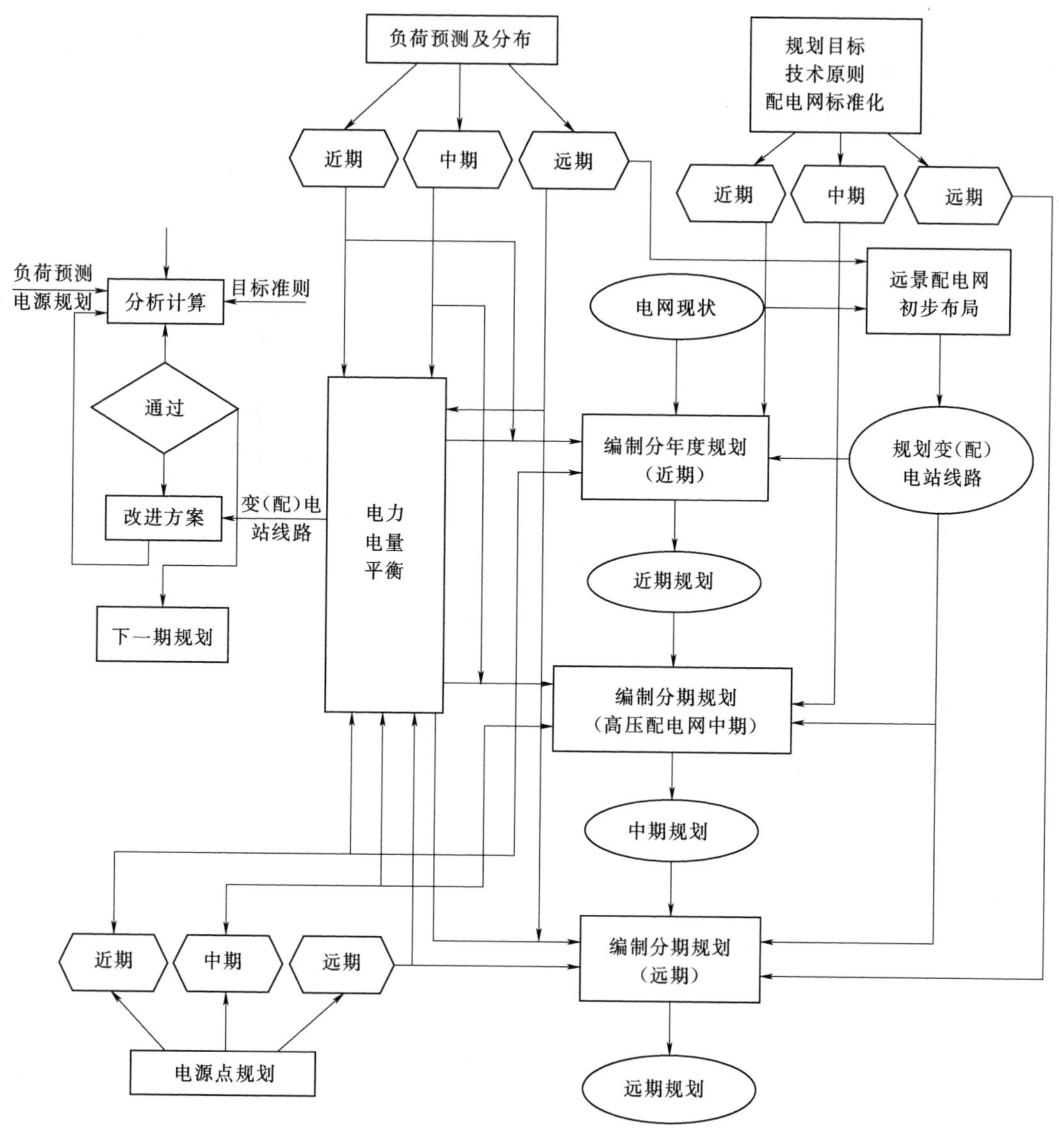

图 2－1 配电网规划流程图

第二节 可行性研究

可行性研究（简称“可研”）是从技术和经济的角度来论证项目建设的必要性以及可行性，确定项目的技术方案及主要工程量，应以预测为前提，以投资效果为目的，从技术、经济、管理上对项目实现的可能性进行全面综合分析研究。

可行性研究的基本任务，是对新建或改建项目的实施必要性，从技术经济角度进行全面分析研究，并对其投产后的经济效果进行预测，在既定的范围内进行方案的选择，以便最合理、最优化地利用资源，达到预期的社会效益和经济效益。

一、可研必要性

可研是贯彻国家的技术和产业政策，执行有关设计规程，为项目核准提供技术依据的一个重要阶段。可行性研究可以提高企业资金投入的准确性，减少经济损失，改进农村电网项目的管理工作。

可行性研究能够在计划编制中，通过对项目风险因素、损失情况进行判断，有效规避因盲目制订计划而导致项目落实受限、资源浪费等问题。

农村电网工程项目的设计初期，可以根据可行性研究设计出建设项目的整体程序与过程，建设规模与方式、建设方案、建设的工艺流程、资金的估算及经济效益的审核。

电力企业在项目运营后，开展全面的检查考核工作，进行项目后评估工作，可利用可行性研究报告找到差距，进行经验分析。

二、可研报告编制

农村电网项目可行性研究工作应遵循国家法律法规及行业相关规程规范，在可靠翔实资料的基础上，对项目建设的技术、经济、环境、节能、施工及运行管理等进行分析论证和方案比较，编制可行性研究报告。

（一）项目可研报告的编制要求

（1）以县为单位编制项目可研报告。

（2）项目可研报告应由具备相应资质的单位编制，报告编制单位应提交资质证明材料并对报告内容的真实性负责。

（3）编制项目可研报告应充分考虑城镇、乡村等不同类别区域负荷特点和供电可靠性要求，结合本区域发展规划，合理选择技术方案，优化网架结构。

（4）编制项目可研报告前应对项目建设条件进行调查和现场踏勘。

（5）编制项目可研报告应尽量采用通用设计和通用设备，统一建设标准。对于特殊地段、具有高危和重要用户的线路及重要联络线路，可实行差异化设计，提高农村电网抵御自然灾害的能力。采用差异化设计的，需说明原因。

（6）项目投资估算应执行统一的取费标准和设备、材料价格，说明估算方法，提供投资估算详表。

（二）项目可研报告的主要内容

项目可研报告格式包括：报告正文、附件与图纸。主要内容包括：项目可研报告编制依据和设计原则；项目所在地的农村电网现状、负荷发展情况及存在的问题，论述项目建设的必要性；项目系统方案、具体建设内容和主要供电负荷，其中10kV线路及变电站（配变）工程应分别列明每条线路或每个变电站（配变）的建设内容和所在地，低压线路、户表工程应列明每个村的改造数量，并列出明细表；项目二次系统的总体方案，对项目节能降耗措施、环境保护、抵御自然灾害、社会稳定风险等的分析；如为原址重建项目，需论述项目建设期内的过渡方案；从网络结构和供电可靠性等方面分析项目建成后的预期实施效果；项目投资估算，包括工程量、设备价格、材料价格等；项目可研报告应附的图、表。

三、可研报告深度要求

可研报告深度包括项目概述、项目建设必要性及可行性、电力系统一次、电力系统二次、项目方案、主要工程量、投资估算、投资效果分析和分类工程重点要求九方面内容。

（一）项目概述

简述工程立项背景、工程规模、工程方案等，明确工程所属类别及工程所属供电分区类别。界定给出工程影响的电网范围，简要说明该电网范围的基本信息，如包含的中压馈线条数、设备规模、占地面积等。根据规划合理选定工程设计水平年及远景水平年，说明工程主要的设计原则。简述工程采用的典型供电模式、典型设计、标准物料、通用造价等情况。

（二）项目建设必要性及可行性

进行项目现状分析，包括项目所涉及的变电站中性点接地方式描述、主变负荷、线路或配变（台区）的装接容量、最大允许电流、最大负荷、负载率、供电半径、网架状况等基础数据。结合现状分析及负荷发展趋势，提出存在的问题，如网架薄弱、线路或配变重过载、安全隐患、供电电压偏低、设备残旧、供电能力不足等，提出解决措施，论述本项目建设可实施性。

（三）电力系统一次

工程方案详述工程拟采取的方案，并通过必要的附图进行说明。若存在备选方案，应详述各备选方面。线路改造工程应明确线路改造期间负荷切改及转供方案，并说明工程涉及的分支线路切改、设备新建或更换的情况。

新建变电站配套送出、加强网络结构、分布式电源接入工程宜进行典型方式的潮流计算，校核各线路、设备负载率和节点电压是否越限，特别是倒供负荷方式下的潮流计算。计算10kV侧短路电流，校核开关设备遮断容量，并按对10kV线路供电安全水平、可靠性进行校验。

计算备选方案实施前后的关键技术指标，并对指标进行对比分析，重点分析各方案满足建设目标的程度，在技术可行的前提下采用最小费用法论证经济可行性，特别适用于涉及站址选择、路径选择、设备选型的方案比选。

（四）电力系统二次

结合工程所在区域的电力专项规划，对拟实施配电自动化建设、改造区域进行论述。明确工程所属供电分区类别、配电自动化现状及规划情况，说明区域配电自动化建设模式与标准，提出工程所涉及的配电设备信息采集形式、相关材料。

制定本工程系统通信建设方案，包括通信方式、组网方案、通信通道建设方案、建设方案等。结合配电自动化实施区域的具体情况选择合适的通信方式，满足配电自动化、用电信息采集系统、分布式电源、电动汽车充换电设施及储能装置站点的通信需求。

（五）项目方案

配电网项目可研报告需根据项目类型对项目实施方案和工程建设规模进行描述，并通过必要的附图进行说明。主要类型项目方案深度要求见表2-1。

表 2-1 项目方案深度要求

<table>
<tr><td colspan="2" rowspan="5">变配电设施</td><td>说明变配电设施的选址情况，绘制配电设施总平面图</td></tr>
<tr><td>附图的方式说明变配电设施的电气主接线形式，电气主接线图应标注主要设备的规格</td></tr>
<tr><td>变配电设施的主要设备选择情况</td></tr>
<tr><td>说明本工程防雷措施、接地装置的规格型号及接地电阻要求</td></tr>
<tr><td>说明变配电设施的设备布置形式、建筑结构或地质情况</td></tr>
<tr><td rowspan="8">10kV架空配电线路</td><td rowspan="3">路径方案</td><td>采用文字描述及附图的形式描述本工程路径方案</td></tr>
<tr><td>路径方案文字描述主要包括以下内容：线路起讫位置、路径长度及路径概况，如有拆迁、交叉跨越等特殊情况需加以说明</td></tr>
<tr><td>路径方案图需包括项目现状路径图及实施后路径图</td></tr>
<tr><td>气象条件</td><td>简述网架范围内的气象条件</td></tr>
<tr><td>导线</td><td>根据配电网规划设计原则，结合线路、网架结构及负荷发展需求确定本项目导线规格</td></tr>
<tr><td>柱上开关</td><td>提出本工程户外柱上开关的类型、数量及安装位置</td></tr>
<tr><td>防雷接地</td><td>提出本工程防雷接地要求</td></tr>
<tr><td>杆塔</td><td>提出本工程选用杆塔型式、数量</td></tr>
<tr><td rowspan="5">0.4kV架空线路</td><td rowspan="3">路径方案</td><td>采用文字描述及附图相结合的形式描述本工程的路径方案</td></tr>
<tr><td>路径方案文字描述主要包括以下内容：线路起讫位置、主干路径全长、线路架设方式（杆塔架空敷设或街码架空敷设）等</td></tr>
<tr><td>路径方案图需包括项目实施前后的路径方案图，注明原有、新建及改造线路的走向、各段导线规格及长度等</td></tr>
<tr><td>导线</td><td>根据配电网规划设计原则，结合线路、网架结构及负荷发展需求确定本项目导线规格</td></tr>
<tr><td>接地</td><td>说明线路接地方式</td></tr>
<tr><td rowspan="5">0.4kV电缆线路</td><td rowspan="4">路径方案</td><td>采用文字描述及附图相结合的形式描述本工程的路径方案</td></tr>
<tr><td>路径方案文字描述主要包括以下内容：线路起迄位置、路径长度及路径概况，如有交叉跨越等特殊情况需加以说明</td></tr>
<tr><td>电缆通道资源，主要包括电缆管沟利用情况，过路管预埋情况，所在道路及其性质（新建、改建、扩建和原有）等</td></tr>
<tr><td>路径方案图需包括项目实施前后的路径方案图。现状路径图要求能反映整回线路的走向（从变电站至末端），涉及网络调整的需反映涉及调整的各回线路走向的区域图（从变电站至末端）；路径方案图宜在电子地图为背景进行绘制，并采用适当比例注明原有、新建及改造线路的走向、沿线道路名称或标志性建筑物名称，主要转角井位置，各段电缆规格及敷设方式等</td></tr>
<tr><td>电缆</td><td>结合线路、网架结构及负荷发展需求确定本项目的电缆规格</td></tr>
</table>

（六）主要工程量

说明本工程建设规模，统计本工程主要新建及拆除工程量。主要工程量统计需包括变压器容量及台数；中低压开关柜型号及数量；预装箱式变电站型号及数量；配电站、开关站、电缆分接箱、土建结构形式及数量；导线截面及数量；电缆敷设形式及数量等，并进行统计。

（七）投资估算

可行性研究投资估算应根据主要原则及依据、采用的定额、主要设备规模及材料价格等确定。投资估算内容一般应包括：编制说明、总估算，各专业汇总估算表，建筑、安装单位工程估算表，以及必要的附表、附件。必要时，还应包含不同站址（线路路径）方案的投资对比表。

投资估算编制说明在内容上要全面、准确、有针对性，文字描述要具体、确切、简练、规范。一般应包括：工程概况、工程设计依据、编制原则及依据、工程投资情况、造价水平分析、其他需要说明的重大问题。

宜与通用造价进行比较，分别从建筑工程费、设备购置费、安装工程费、其他费用等方面分析差异产生的具体原因，说明造价的合理性。

（八）投资效果分析

项目预计实施效果与项目立项目的、解决问题相呼应，按评估分类选择填写后，分析项目实施后原有问题解决程度、新增供电能力等是否满足目标。

（九）分类工程重点要求

分类工程重点要求见表 2-2。

表 2-2 分类工程重点要求

新增负荷供电要求工程	重点论证工程建设必要性、制订具体方案，宜侧重投资效果分析
	论证工程建设必要性时，内容及深度应达到如下要求： 1. 结合市政控制性详细规划、总体规划或修建性详细规划，简述新增负荷情况、区域名称、区域位置等内容； 2. 说明新增负荷周边电网现状情况，如馈线名称、馈线负载率、馈线装接容量、馈线容量裕度等，重点分析电网容量裕度情况； 3. 依据近期新增负荷报装情况预测近、中期负荷，宜结合地块的控制性详细规划、总体规划或修建性详细规划预测新增负荷所在地块的饱和负荷
	制订方案时，宜根据用户报装容量及用户的地理位置采用负荷矩平衡等方法选择站址及路径
	分析投资效果时，宜重点分析投资效益，计算工程增供电量效益类指标
加强网架结构工程	重点论证工程建设必要性、制订具体方案，宜侧重投资效果分析
	论证工程建设必要性时，内容及深度应达到如下要求： 1. 从供电可靠性角度论证工程建设的必要性； 2. 分析线路运行情况，如分析线路负荷、线路负载率等指标； 3. 分析现有运行方式下存在的隐患，必要时提出改进网架的多种方案，并逐一进行经济技术比选
	制订方案时，应重点说明网架改造、线路切改及再利用的具体方案
	分析投资效果时，内容及深度应达到如下要求： 1. 分析技术指标时，宜给出工程实施前后电网可转供率、平均供电半径、线路负载率等指标，对比分析工程实施效果； 2. 分析投资效益时，宜计算给出可靠性效益类指标
变电站配套送出工程	重点论证工程建设必要性、制订具体方案，宜侧重投资效果分析
	论证工程建设必要性时，内容及深度应达到如下要求： 1. 说明新建输变电工程基本情况，如变电站名称、本期规模、终期规模、线路名称、系统接入方案等； 2. 分析说明供电范围的调整变化情况及配套的通道建设情况
	1. 从变电站馈出线路的整体建设效果上论证配套工程的投资效果； 2. 分析技术指标时，给出工程实施前后影响电网范围的可转供率、平均供电半径、平均用户数、平均分段数等指标，对比分析体现工程实施效果； 3. 分析投资效益时，分析计算增供电量效益类指标、可靠性效益类指标、降损效益类指标

续表

<table>
<tr><td rowspan="3">解决
“卡脖子”
工程</td><td>重点论证方案必要性，宜侧重投资效果分析</td></tr>
<tr><td>论证工程建设必要性时，内容及深度应达到如下要求：
1. 从供电能力角度论证工程建设必要性；
2. 说明线路主干线基本情况，如型号、安全电流、输送容量等；
3. 结合现状最大负荷、近期报装等情况计算现状及近期线路负载率、电压降等指标，并分析说明线路“卡脖子”的原因</td></tr>
<tr><td>分析投资效果时，宜重点给出工程实施前后影响电网的线路负载率、线路压降指标，对比分析工程实施效果</td></tr>
<tr><td rowspan="3">解决
“低电压”
工程</td><td>重点论证工程建设必要性、制订具体方案</td></tr>
<tr><td>论证工程建设必要性时，内容及深度应达到如下要求：
1. 从供电质量角度论证工程建设必要性；
2. 分析电网运行情况，如分析最大负荷、负载率、电压等指标；
3. 重点分析产生低电压的原因，如供电半径过长、配电容量不足、线径过小、单相供电等原因，并具体给出低电压出现点的供电距离</td></tr>
<tr><td>分析投资效果时，只需进行技术指标分析，宜给出工程实施前后电压值，通过对比分析体现工程实施效果</td></tr>
<tr><td rowspan="4">解决设备
重（过）
载工程</td><td>重点论证工程建设必要性、制订具体方案，宜侧重投资效果分析</td></tr>
<tr><td>1. 从运行安全性、提升供电能力角度论证工程建设必要性；
2. 说明线路、配变基本情况，如型号、容量、供电半径、投运日期等；说明线路、配变供电负荷的基本情况，如负荷规模、负荷性质等；说明线路最低电压情况；
3. 分析电网运行情况，如计算分析正常运行方式下现状最大负荷及近中期负荷的元件负载率、压降等指标情况；
4. 对于线路分流工程，说明工程建设前后负荷的分配情况</td></tr>
<tr><td>该工程影响的电网范围应为涉及负荷转切、分流且网架结构有变动的所有馈线的组合</td></tr>
<tr><td>1. 分析技术指标时，给出工程实施前后影响电网范围的线路、变配电设施负载率，对比分析工程实施效果；
2. 分析投资效益时，计算可靠性效益类指标及降损效益类指标</td></tr>
<tr><td rowspan="3">消除设备
安全隐患
工程</td><td>重点论证工程建设必要性及方案可行性</td></tr>
<tr><td>1. 从供电安全性角度论证工程建设必要性；
2. 根据电网规划论证设施保留的必要性；
3. 对设备健康状况进行评估，编写设备评估报告，明确设备存在的主要安全隐患问题</td></tr>
<tr><td>从设备选型上论证方案可行性，即从全寿命周期成本角度，兼顾运维成本及初始投资成本，综合选择最优方案</td></tr>
<tr><td>改造高损
配变工程</td><td>应重点分析工程投资效果，宜计算降损效益类指标</td></tr>
<tr><td rowspan="4">无电地区
供电工程</td><td>重点论证工程方案技术可行性、制订具体方案，宜侧重社会效益分析</td></tr>
<tr><td>宜通过适当的电气计算论证工程方案的可行性，如计算线路压降、网损等指标</td></tr>
<tr><td>制定变配电设施及线路方案时，应重点提出防雷措施</td></tr>
<tr><td>分析投资效果时，宜通过供电用户数及供电人口的增加值体现建设成效，无需进行投资效益分析计算</td></tr>
</table>

续表

分布式电源接入工程	重点论证工程方案技术可行性、制订具体方案，宜侧重社会效益分析
	应从电能质量检测、防孤岛效应、保护配合、通信与自动化系统融合等方面来论证方案可行性
	分析投资效果时，宜采取定量与定性结合的方法。定量上，宜预测给出分布式电源年发电量、年可利用小时数；定性上，宜从改善能源结构、缓解环境保护压力等方面说明用户接入的社会效益
电动汽车充换电设施接入工程	论证电动汽车充换电设施接入电网的电压等级、接入点，以及工程可行性
	从电动汽车充换电设施接入对电网的影响上论证方案的可行性，重点从供电能力、电网运行、电能质量、无功补偿四方面进行论证
	供电能力、电网运行论证中，重点分析在电动汽车集中充电或负荷高峰时段充电情况下线路（配电变压器）负载率、电压偏差是否满足相关标准要求
	电能质量论证中，重点论证注入公用网的谐波电压、谐波电流、公共连接点负序电压不平衡度等指标是否满足相关标准要求
	无功补偿论证中，重点分析充换电设施接入电网的功率因数

第三节 项 目 储 备

一、项目储备要求

基层管理部门根据相关专项管理界面及项目分类，严格按照审批权限依据项目可研模板、评审及批复规范要求开展项目可研（方案）论证、评审、批复三个环节工作。只有完成可研（方案）批复的项目才能进入项目储备库。

（1）可研（方案）论证环节：从生产经营实际需要出发，全面梳理项目需求，深入贯彻资产全寿命周期理念，深入论证项目必要性、可行性和经济性，确保项目可研（方案）内容完整、投入合理、结论明确、实施可行。

（2）可研（方案）评审环节：主管单位独立发挥项目评审把关作用，严格按照国家和电力公司相关标准要求，对项目实施方案的技术可行性和经济性进行审核，出具评审意见。

（3）可研（方案）批复环节：基层管理部门参照评审意见，结合管理要求，按时完成项目可研（方案）批复工作。

项目经过可研批复后，按轻重缓急排序，生成企业级项目编码，方可纳入公司项目储备库，作为项目从立项、实施、统计、决算、考核全过程管理的统一标识。入库项目信息要完整、准确，包括项目前期文件（可研报告、评审文件、批复文件）、建设内容、投资估算等。

二、可研评审要求

省级发展策划部审批项目可研报告前，应组织专家组或委托有相应资质的工程咨询机构对项目可研报告进行评估，出具评估意见。审查意见是审批项目可研报告的重要依据。

委托评估要点包括：项目是否确为农村电网项目，是否已纳入本地区农村电网改造升级工程规划；项目建设必要性的论述是否清楚、充分，项目是否确有必要建设；项目系统方案及二次系统方案的技术路线是否合理，建设内容是否达到深度要求，应用标准是否合适，是否存在违反农村电网改造升级技术原则的情况；项目建设的外部条件是否落实；项目投资估算和财务评价是否合理，是否有详细算法和明细表。

省级发展策划部依据评估意见，对项目可研报告进行审批，审批文件应至少包含以下内容：项目的名称、建设地点；对项目的总体意见；项目具体建设内容；项目总投资及资金来源；对工程管理和招投标的相关要求；项目建设内容明细表，详细列明各个电压等级工程每条线路或每个变电站（配变）的建设内容和所在地，低压线路、户表工程应具体到每个村；投资明细表。

如若具备以下之一条件的，则不应审批项目可研报告：项目不属于农村电网项目或未纳入农村电网改造升级工程规划的；项目可研报告技术方案未达到深度要求的；项目技术方案明显不合理或违反农村电网改造升级技术原则的；项目投资估算未达到深度要求或未列出投资明细。

三、项目储备库管理

省级发展策划部在农村电网改造升级规划的基础上，建立三年滚动项目储备库，按照储备项目投资需求编制三年滚动投资计划。

纳入储备库的项目应满足本省（区、市）农村电网改造升级规划要求，以三年为期限滚动编制项目储备库。项目储备是年度中央投资计划项目的依据和来源，未纳入储备库的项目，不得纳入年度中央投资计划。各省级发展策划部应于每年3月底前完成三年项目储备库编制及滚动修订工作。

以县为单位作为单个项目，明确项目名称、建设内容及规模、总投资、其中拟申请中央资金等。纳入三年储备库的项目总投资，应不少于五年规划总投资的60%。

各省级发展策划部在三年项目储备库的基础上，汇总三年内每一年本省（区、市）总体建设内容与规模、投资来源及投资额等，编制三年滚动投资计划。三年滚动投资计划是编制年度投资计划的基础和来源，随着三年项目储备库进行滚动修订，修订周期为每年4月至次年3月。

国家发展策划部在各省（自治区、直辖市）农村电网改造升级项目储备库的基础上，编制全国三年项目储备库；在各省（自治区、直辖市）滚动投资计划的基础上，编制全国三年滚动投资计划，并及时进行滚动修订。

四、项目储备基本流程

农村电网的改造升级需要主管部门做好统筹与规划工作，做到分段实施，突出重点，统筹协调各个方面，将储备项目进行常态化管理。项目纳入储备库的流程分为四步：

第一步：储备项目收集。由主管部门负责储备项目收集、汇总，组织项目设计。为防项目上报不及时，发生应急储备项目问题，主管部门应按照要求做好储备项目收集、汇总，做好项目前期，确保及时纳入储备库。

第二步：项目纳入预备库。为了防止项目申报随意性大，规划项目“量”少“质”次以及项目重复申报、漏报等问题的产生，将项目储备关口前移到规划前，项目上报后组织项目设计，经审核后纳入预备库。

第三步：项目审核。对已纳入预备库内的项目，其必要性、技术方案、合理性、可实施性及项目资金估算等经专业部门审核后，将项目明细表及批复文件报送至主管部门，经审核通过纳入储备库。

第四步：项目储备库管理按照重要程度、紧迫程度对项目进行评分和排序，原则上分为A、B、C、D四个等级。纳入项目储备库中的项目，根据专业规划、经营需求和项目投资计划调整情况，实施动态管理，定期滚动调整。对通过审查已纳入计划的项目，主管部门及时从项目储备库中移出，超过一年未安排计划的项目，应组织相关部门进行审核、确认后重新纳入储备库。

第四节 计 划 管 理

农村电网计划是在对核心资源和需求进行综合平衡、统筹优化的基础上，形成企业年度经营发展目标，全面落实企业战略和规划的系统实施方案。

计划从编制、平衡、上报、执行、控制、调整、监督及考核方面实现全过程的管理，努力实现“调控有力”的计划管理手段，真正实现计划的闭环管理。计划管理可以规范农村电网建设与改造工程管理，合理使用资金、有效控制工程造价，提高投资效益，确保工程建设顺利进行。

一、计划下达流程

各省级发展策划部年初根据本省（区、市）农村电网改造升级规划和三年项目储备库，从储备库中提取项目，形成年度计划项目库。组织项目法人单位对年度计划项目库中的项目开展可行性研究。以县为单位编制可行性研究报告，由省级发展策划部审批并出具计划批准文件。

开展可行性研究应遵循国家法律法规和行业相关规程规范，对项目建设条件进行调查和必要勘测，在可靠翔实资料的基础上，对项目建设的技术、经济、环境、节能、施工及运行管理等进行分析论证和方案比较，提出可行性研究报告（具体详见本章第二节）。

各省级发展策划部年初应制定本年度项目可研报告审批工作方案，将可研审批纳入日常工作范围，于每年10月底前完成年度计划项目库可行性研究报告批复。根据项目可研批复情况，省级发展策划部于每年11月底前向国家发展策划部上报年度中央资金规模计划建议，随附项目可研报告批复文件。

二、计划调整

因不可抗力或国家政策调整等因素影响，年度计划指标不能完成时，可以申请调整。

项目执行过程中如需调整，要履行项目增补程序。其中，因自然灾害或不可抗力突发的，导致电网设备故障或安全隐患，需要立即处理的，可先组织实施，后备案；因客观条件变化，需新增或变更方案增加投入的急需项目，先完成项目可研论证批复，履行公司相关决策程序后，主管部门补充下达项目。所有增补项目统一纳入年度计划调整，未履行增补程序的项目原则上不予调整。

计划年度调整由计划归口管理部门统筹协调，正式行文上报计划调整申请，并说明调整理由。根据专业部门审核意见，衔接预算，形成计划调整建议，履行决策程序后下达执行。

三、执行控制

计划执行具有严肃性和约束力，要提高计划与预算管理衔接的有效性，原则上没有纳入计划的项目，不能安排资金支出。

基层单位要严格执行公司下达计划，各项指标层层分解，落实到各部门、下级单位，做好项目设计、招标、建设和资金使用等全过程管理，确保项目建设安全、优质、规范，竣工后及时决算。

计划归口管理部门会同专业部门按月、季、年做好执行情况跟踪分析，专业部门定期开展相关专项计划的执行情况分析，并将分析报告送计划归口管理部门，确保综合计划可控在控。

计划执行情况分析报告的主要内容包括：计划指标上月（季）和当年累计完成情况，与上年度同期数据的比较，计划完成进度情况；分析存在问题，提出相应对策。凡计划指标发生异常波动的，须重点分析；涉及投资和资金支出的项目计划，要按项目属性、规模以及进度进行分析，反映项目进展情况。

计划采取考核与考评相结合的评价方式。加强各单位计划管理工作综合评价，从项目储备、计划编制、计划调整、计划执行四个阶段进行综合评价。

第五节 典型案例

案例一

以×××供电公司10kV消防A16线线路改造工程为例，对整个规划立项流程进行描述，具体流程如下。

2016年6月，对项目进行可研（方案）论证环节，并拿出可研方案。

2016年8月，对可研（方案）进行评审环节，出具评审意见。

2016年10月，对可研（方案）进行批复。

项目经过可研批复后，按轻重缓急排序，生成企业级项目编码，方可纳入公司项目储备库，作为项目从立项、实施、统计、决算、考核全过程管理的统一标识。入库项目信息要完整、准确，包括项目前期文件（可研报告、评审文件、批复文件）、建设内容、投资估算等。

该工程位于A市B区，目前消防A16的电源点为凤凰变。

目前消防A16线#1杆至#19杆为架空线，建国农民新村支线为架空线，架空线影响了城市美观，故将消防线中架空线段改为电缆敷设，提高供电可靠性。工程沿线施工条件

×××供电公司10kV消防A16线线路改造工程可行性研究报告表

<table>
<tr><td>工程名称</td><td colspan="12">A市10kV消防A16线线路改造工程</td></tr>
<tr><td colspan="13">1. 工程建设必要性</td></tr>
<tr><td>区域概况</td><td colspan="12">地区：H省A市B区　　　　供电分区：B类</td></tr>
<tr><td rowspan="2">线路现状</td><td>导线型号</td><td>线路总长度/km</td><td>主干线长度/km</td><td colspan="2">装接容量/kVA</td><td colspan="2">网架结构</td><td>最大负荷/kW</td><td colspan="2">最大负载率/%</td><td>投运年份</td><td>上次改造年份</td></tr>
<tr><td>JKLYJ-240</td><td>2.16</td><td>2</td><td colspan="2">7684</td><td colspan="2">单环网</td><td>6415</td><td colspan="2">86.4</td><td>2013</td><td>—</td></tr>
<tr><td rowspan="3">主要解决问题（勾选）</td><td>a）新增负荷供电需求</td><td>—</td><td>c）变电站配套送出</td><td>—</td><td>e）低电压</td><td>—</td><td>g）安全隐患</td><td>—</td><td>i）分布式电源接入</td><td>—</td><td>k）其他</td><td>—</td></tr>
<tr><td>b）网架结构薄弱</td><td>√</td><td>d）“卡脖子”</td><td>—</td><td>f）重（过）载</td><td>—</td><td>h）无电地区供电</td><td>—</td><td colspan="2">j）电动汽车充换电设施接入</td><td colspan="2">—</td></tr>
<tr><td>主要问题具体描述</td><td colspan="11">线路新增负荷较多，需对其进行分流</td></tr>
<tr><td>负荷预测</td><td colspan="12">2018年最大负荷将达到8561kW</td></tr>
<tr><td colspan="13">2. 工程方案</td></tr>
<tr><td>工程建设类别</td><td colspan="5">改造</td><td>典设方案</td><td colspan="6"></td></tr>
<tr><td>工程路径选择</td><td colspan="12">起点：10kV御景开关站　　　　终点：10kV奥体开关站</td></tr>
<tr><td>拆旧物资处置</td><td colspan="12">入库</td></tr>
<tr><td colspan="13">3. 主要工程量</td></tr>
</table>

续表

<table>
<tr><td colspan="2">工程名称</td><td colspan="16">A市10kV消防A16线线路改造工程</td></tr>
<tr><td colspan="3">架空线路</td><td colspan="3">电缆线路</td><td colspan="2">配变</td><td colspan="4">开关</td><td colspan="3">配电自动化</td><td colspan="3">通信网</td></tr>
<tr><td>导线型号</td><td>长度/km</td><td>杆塔数量</td><td>型号</td><td>长度/km</td><td>敷设方式</td><td>数量</td><td>容量/kVA</td><td>开关站</td><td>环网柜</td><td>电缆分支箱</td><td>柱上开关</td><td>DTU</td><td>FTU</td><td>故障指示器</td><td>光缆长度/km</td><td>光通信设备套数</td><td>无线公网套数</td></tr>
<tr><td>—</td><td>—</td><td>—</td><td>ZC-YJV22-3*300/8.7/15kV;
ZC-YJV22-3*185/8.7/15kV;
ZC-YJV22-3*70/8.7/15kV</td><td>0.3;
0.9;
3.0</td><td>地埋</td><td>35</td><td>7684</td><td>—</td><td>8</td><td>5</td><td>—</td><td>—</td><td>—</td><td>—</td><td>—</td><td>—</td><td>—</td></tr>
<tr><td colspan="18">4. 投资估算</td></tr>
<tr><td colspan="18">静态投资：247.3170万元　　动态投资：249.8753万元</td></tr>
<tr><td colspan="18">5. 投资成效</td></tr>
<tr><td colspan="18">略</td></tr>
<tr><td colspan="18">6. 附图</td></tr>
<tr><td colspan="2">名称：</td><td colspan="16">10kV线路改接示意图　　份数：1</td></tr>
<tr><td colspan="18">7. 其他</td></tr>
<tr><td colspan="2">进度计划</td><td colspan="16">开工时间：2017.10.10　　竣工时间：2017.12.6　　工期：57天</td></tr>
<tr><td colspan="2">编制单位及人员</td><td colspan="16">负责单位：B电力设计院
负责人：××　　编制人：××</td></tr>
<tr><td colspan="18">注1：“主要工程量”填写处，不在此表格范围内的设备类别，视各省公司、地市供电局的需要可适当增加。
注2：未涉及到的内容可用“—”表示，“主要解决问题”的勾选为单选。
注3：“工程建设类别”填写新建、扩建或改造。</td></tr>
</table>

良好主要沿道路施工。

本工程动态投资为249.8753万元，工程计划于2017年年底建成投产。

本工程设计水平年考虑2017年，远景水平年考虑2027年。

案例二

以×××供电公司0.4kV××低压台区改造工程为例，对整个规划立项流程进行描述，具体流程如下：

2016年6月，对项目进行可研（方案）论证环节，并拿出可研方案。

2016年8月，对可研（方案）进行评审环节，出具评审意见。

2016年10月，对可研（方案）进行批复。

项目经过可研批复后，按轻重缓急排序，生成企业级项目编码，方可纳入公司项目储备库，作为项目从立项、实施、统计、决算、考核全过程管理的统一标识。入库项目信息要完整、准确，包括项目前期文件（可研报告、评审文件、批复文件）、建设内容、投资估算等。

该工程位于A市B区，××低压台区由于建设年代早，低压线路电缆老化严重，低压表箱锈蚀严重，表后线老化严重。存在极大的安全隐患，急需对老旧分支箱进行调换。

本工程的设计范围包括城中所7个台区低压线路改造，涉及电缆线路2.837km，低压电缆分支箱40台，涉及单相表26只，三相表4只。

本项目计划实施时间为2017年。本项目投资估算为72.0676万元。

×××供电公司0.4kV××低压台区改造工程可行性研究报告表

<table>
<tr><td>工程名称</td><td colspan="8">B市××低压台区0.4千伏线线路改造工程</td></tr>
<tr><td colspan="9">1. 工程建设必要性</td></tr>
<tr><td>区域概况</td><td colspan="4">地区：　H省A市B区</td><td colspan="4">供电分区：A类</td></tr>
<tr><td>线路情况</td><td colspan="4">投运年份：　2006</td><td colspan="4">上次改造（修理）时间：—</td></tr>
<tr><td>运行情况</td><td colspan="8">由于建设年代早，低压线路电缆老化严重</td></tr>
<tr><td>负荷预测</td><td colspan="8">—</td></tr>
<tr><td rowspan="2">主要解决问题（勾选）</td><td>a）新增负荷供电需求</td><td>√</td><td>c）低电压</td><td></td><td>e）设备安全隐患</td><td></td><td>g）电动汽车充换设施接入</td><td></td></tr>
<tr><td>b）“卡脖子”</td><td></td><td>d）重（过）载</td><td></td><td>f）无电地区供电</td><td></td><td>h）其他</td><td></td></tr>
<tr><td colspan="9">2. 工程方案</td></tr>
<tr><td>工程建设类别</td><td colspan="4">改造</td><td>典设方案</td><td colspan="3">—</td></tr>
<tr><td>工程路径选择</td><td colspan="4">起点：　××低压台区#1低压分支箱</td><td colspan="4">终点：××低压台区#40低压分支箱</td></tr>
<tr><td>拆旧物资处置</td><td colspan="8">入库</td></tr>
<tr><td colspan="9">3. 主要工程量</td></tr>
</table>

续表

分类	主干线					分支线					接户线		低压设备				
	线路型号	长度/m	杆塔型号	杆塔数量/个	敷设方式	线路型号	长度/m	杆塔型号	杆塔数量/个	敷设方式	架空线型号	长度/m	低压开关柜座	JP柜个	无功补偿/kVA	电能表/只	低压配电站座
架空	—	—	—	—	—	—	—	—	—	—	—	—	—	—	—	—	—
电缆	YJV-4*150	255	—	—	—	YJV-2*25	2098	—	—	—	—	—	—	—	—	30	—

4. 投资估算	静态投资：70.0326万元	动态投资：72.0676万元

5. 投资成效

略

6. 附图

名称：0.4kV线路改接示意图　　份数：1

7. 其他

进度计划	开工时间：2017.9.9	竣工时间：2017.11.6	工期：59天
编制单位及人员	负责单位：B电力设计院	负责人：××	编制人：××

注：未涉及的内容可用“—”表示，“主要解决问题”的勾选为单选，“工程建设类别”填写新建或改造。

第三章　设　计　管　理

第一节　设计管理的现状和任务

一、设计管理的现状

设计是落实电网规划建设目标的首要环节，电网运行的安全性、可靠性和经济性目标的落地需要通过设计来实现。农村电网建设和改造中，设计与规划、物资、施工等环节密切相关，抓好设计管理是工程建设成败的关键。

长期以来，农村电网建设工程设计仅遵循传统的技术原则，缺乏对供电模式、网架结构、运行指标等要素系统深入的研究，执行技术标准不统一、不规范，造成农村电网建设水平参差不齐、建设标准不统一、接线方式随意、适应性差、重复建设现象严重等问题。具体表现在接线方式、设备选型和设计三个方面：

（1）接线方式没有形成具有地方适应性的统一，线路分段数和挂接容量随意，线路半径超标，造成供电质量和可靠性低，对负荷增长的适应能力差，从而造成重复性建设改造。

（2）设备选型缺乏系列化、标准化，型号多且杂，通用性差，造成物资采购、施工备料和备品储备困难，施工工艺质量把控难度大。

（3）设计缺乏因地制宜开展差异化设计的理念，工程设计不能契合当地自然条件、社会经济发展水平和用电需求，存在建设标准过度超前或过度落后的情况。

二、设计管理的任务

《新一轮农村电网改造升级技术原则》提出：“农村电网改造升级应坚持城乡统筹、统一规划、统一标准，贯彻供电可靠性和资产全寿命周期理念，推进智能化升级，推行标准化建设，满足农村经济中长期发展要求。”因此，针对设计管理现状中存在的问题，从接线方式、设备选型和差异化设计三个方面明确当前农村电网设计管理主要任务。

（1）实现接线方式统一化、标准化，依据所在地区不同区域的自然条件、经济发展水平和负荷特点，以提高供电可靠性和供电质量及实现资产全寿命周期管理为目标，确定相适应的该地区网架结构、接线方式，适应中长期用电需求，减少重复建设。

（2）实现设备选型标准化、集约化，实现设备通用互换，提高设备采购效率和便于备品储备，从而提高工程建设效率和运维便利。

（3）抓住地方自然经济条件的特点以及地域特色的用电需求，有针对性地开展差异化设计。建设标准和设备选择，均要以适应当地自然条件和满足城乡居民生产生活的需要为目标。

第二节 设计管理的内容

农村电网设计管理的主要内容有设计招标、设计工作、施工图审查与设计交底、设计变更及现场签证等。

一、设计招标

国家能源局《新一轮农村电网改造升级项目管理办法》规定了农村电网改造升级项目执行招投标法及相关规定及要求。

建设单位需根据工程特点和技术要求，选择相应资质等级的设计单位。选择设计单位时采用招标方式，根据招投标法的相关规定开展招投标。在招标完成后按规定时限与中标设计单位签订设计合同。

建设单位应对勘察、设计单位进行严格的资质审查，选择社会信誉度高、熟悉当地情况、经验丰富、技术力量强的设计单位，必要时需采用方案竞争规则，组织相关专家评定并选择最优设计方案。在签订合同时应明确质量目标和责任。

二、设计工作

设计工作包括初步设计、施工图设计、竣工图文件编制等内容。设计单位需依据设计合同、建设单位建设计划、项目批准文件及相关要求组织设计工作，要对工程设计进行有效和连续的控制，确保设计成品质量满足国家法规和工程要求。

设计单位的主要职责是编制设计各阶段的项目设计计划，组织开展工程设计，保障项目进度计划及质量目标的实施；参加建设单位组织的设计评审、图纸审查和设计交底；提供工程施工各阶段的现场设计服务，协调解决施工过程中设计相关问题，配合开展工程变更、现场签证、工程索赔、质量缺陷及事故等事项的处置；以及最后参与工程竣工验收等。

三、施工图审查与设计交底

（一）施工图审查

施工图审查是指建设单位、监理单位、施工单位在设计交底前进行的全面细致的熟悉和审查施工图纸的工作。施工图审查会议由建设单位主持，并形成会审纪要和问题清单，在设计交底前约定的时间内提交设计单位，由设计单位落实整改。

施工图审查的12个要点见表3-1。

（二）设计交底

设计单位在交付工程施工设计文件后，有义务就工程设计文件的内容向建设单位、监理单位、施工单位作出详细说明，帮助施工单位和监理单位正确贯彻设计意图，掌握关键

表 3-1 施工图审查要点

序号	施工审查要点
1	施工图纸与设备、原材料的技术要求是否一致
2	施工的主要技术方案与设计是否相适应
3	设计深度是否符合设计阶段的要求，是否满足施工需要
4	构件划分和加工要求是否符合施工能力
5	扩建工程的新老厂及新老系统之间的衔接是否吻合，施工过渡是否可能，除按设计图检查外，还应按现场实际情况校核
6	各专业之间设计是否协调，如设备外形尺寸与基础设计尺寸、土建和电气对建（构）筑物预留孔洞及埋件的设计是否吻合，设备与系统连接部位、管线之间相关设计等是否吻合
7	通用设计、标准物料和标准工艺设计的应用情况。设计采用的“四新”（新技术、新材料、新设备和新工艺）在施工技术、机具和物资供应上有无困难
8	施工图之间和总分图之间、总分尺寸之间有无矛盾
9	能否满足生产运行对安全、经济的要求和检修作业的合理需要
10	设备布置及构件尺寸能否满足其运输及吊装要求
11	设计能否满足设备和系统的启动调试要求
12	材料表中给出的数量和材质以及尺寸与图面表示是否相符

工程部位的质量要求。

工程开工前，建设单位要组织并主持召开设计技术交底会，必要时应进行施工现场设计交底。设计交底必须有交底记录，交底人和被交底人要履行全员签字手续。

设计交底的主要内容包括：施工现场的自然条件、工程地质及水文地质条件等；设计主导思想、建设要求、使用的规范；工程设计对强制性条文的执行情况，质量通病防治设计措施的执行情况；基础设计、主体结构设计、设备设计和选型；标准工艺设计实施细则的应用情况；对施工条件和施工中存在问题的建议；使用“四新”技术的情况和对施工技术的特殊要求；等等。

四、设计变更

（一）设计变更的原因

施工过程中，前期勘察设计的原因或外界自然条件的变化、政策法规和标准规范发生变化，以及施工工艺方面的限制、建设单位要求的改变等原因，均会引起工程变更，而工程变更往往会造成设计变更。在农村电网工程建设中，前期勘察时对地下障碍物、管线探查不到位，政策处理因素，以及市政交通变动因素，往往是引起设计变更的主要原因。

（二）设计变更的分类

设计变更按照变更内容或金额大小分为一般设计变更和重大设计变更。其中重大设计变更是指改变了初步设计批复的设计方案、主要设备选型、工程规模、建设标准等原则意见，或单项设计变更投资增减额超过20万元的设计变更。

（三）设计变更的流程

涉及工程设计文件修改的工程变更，应由提出方填报《设计变更联系单》，由建设单位审核变更必要性，并将联系单及审核意见转交原设计单位修改工程设计文件。

设计单位完成设计变更文件编制后，需填写《设计变更审批单》，履行变更方案审批流程。各参建单位要依据分工职责对变更文件进行审核并签署审核意见。

变更执行完毕后，由施工单位组织自检合格并填写《设计变更执行单》报建设单位审核验收。

（四）设计变更文件的内容

设计变更文件应包含变更的具体方案、变更图纸、工程量及材料清单。对因变更引起的费用变化提供变更费用计算书，并由技经人员签署意见，加盖造价专业资格执业章。

五、现场签证

现场签证是指在施工工程中遇到问题时，建设单位现场代表与施工单位现场代表在施工现场就施工过程中涉及的责任事件所作的签认证明。

常见的现场签证主要情形有：设计文件或合同中已包括但与施工现场工程量不符；设计文件或合同未包括或未明确，但施工现场确实需要增减工程量；合同中约定的材料发生市场价格变化；非承包人原因引起的人工、设备窝工及有关损失；工程变更导致的施工措施费增减等。

现场签证按金额大小分为一般签证和重大签证。其重大签证是指单项签证投资增减额超过10万元的签证；一般签证是指除重大签证以外的签证。

现场签证流程：

（1）由施工单位填写《签证审批单》报监理单位，《签证审批单》中应包含引起现场签证的具体原因、依据，可能引起的工程影响、相关工程预算等。必要时应附反映现场实际情况的图纸、照片等支撑性材料。

（2）监理单位核查现场签证内容的必要性、合理性、可行性，签署意见后提交业主项目部签审。

（3）施工单位依照《签证审批单》审批意见落实现场签证实施，监理单位负责做好现场签证事项的执行监督。

（4）现场签证执行完毕后，施工单位组织自检合格并填写《签证执行单》提交监理单位，由监理单位对现场签证执行情况进行复核验收，确认符合签审意见后签署验收意见，并提交建设单位复核确认。

县供电公司配网建设工程设计变更及现场签证流程图如图3-1所示。

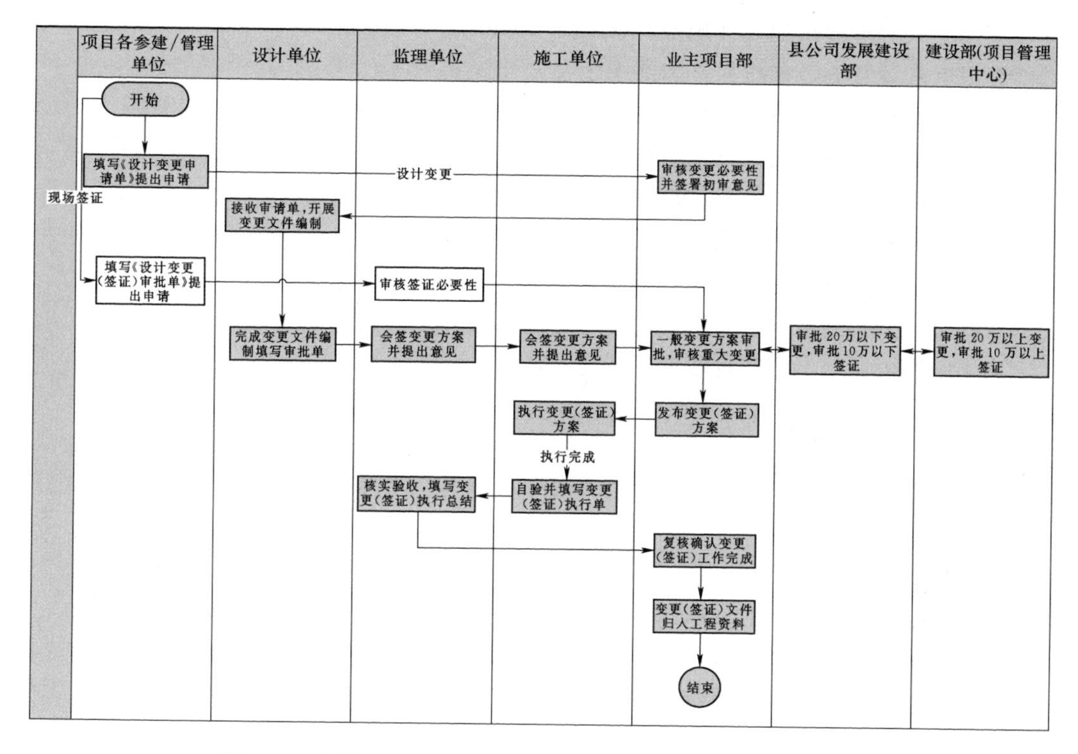

图3-1　县供电公司配网建设工程设计变更及现场签证流程图

第三节　设计的技术原则

一、设计的主要依据

设计遵循国家关于新一轮农村电网改造的通知文件及相关设计规范、技术导则等文件，主要包括以下内容：

《国务院办公厅转发国家发展改革委关于“十三五”期间实施新一轮农村电网改造升级工程意见的通知》（国办发〔2016〕9号）

《新一轮农村电网改造升级技术原则》（国能新能〔2016〕73号）

《额定电压1kV及以下架空绝缘电缆》（GB 12527）

《额定电压10kV、35kV架空绝缘电缆》（GB 14049）

《供配电系统设计规范》（GB 50052）

《66kV及以下架空电力线路设计技术规范》（GB 50061）

《低压配电设计规范》（GB 50054）

《10kV及以下变电所设计规范》（GB 50053）

《3kV～110kV高压配电装置设计规范》（GB 50060）

《电力工程电缆设计规范》（GB 50217）

《建筑设计防火规范》（GB 50016）

《交流电气装置的接地设计规范》(GB/T 50065)
《交流电气装置的过电压保护和绝缘配合设计规范》(GB/T 50064)
《10kV及以下架空配电线路设计技术规程》(DL/T 5220)
《架空绝缘配电线路设计技术规程》(DL/T 601)
《架空配电线路金具技术条件》(DL/T 7651)
《配电网规划设计技术导则》(DL/T 5729)
《配电网技术导则》(Q/GDW 10370)
《国家电网公司配电网工程典型设计(2016版)》
《国家电网公司配电网建设改造标准物料目录(2016版)》

二、设计的技术原则

"十三五"期间新一轮农村电网改造升级主要目标:基本实现农村地区稳定可靠的供电服务全覆盖,建成结构合理、技术先进、安全可靠、智能高效的现代农村电网。

农村电网改造升级应坚持城乡统筹、统一规划、统一标准。贯彻供电可靠性和资产全寿命周期理念,推进智能化升级,推行标准化建设,满足农村经济中长期发展要求。

农村电网改造升级应实行因地制宜。根据不同区域的经济社会发展水平、用户性质和环境要求等情况,合理选择相应的建设标准,满足区域发展和各类用户用电需求,提高分布式新能源接纳能力。

农村电网改造升级应按照"导线截面一次选定、廊道一次到位、变电站(室)土建一次建成"的原则规划、建设,提高对负荷增长的适应能力。

农村电网改造升级应积极采用"三通一标"(通用设计、通用设备、通用造价、标准工艺),统一建设标准,确保工程质量。应用新技术、新产品、新工艺,提高装备水平。

农村电网改造升级应适应智能化发展趋势,推进配电自动化、智能配电台区、农村用电信息采集建设,满足新能源分散接入需求,服务新型城镇化和美丽乡村建设。

三、设计的主要做法

(一)网架结构的完善

从接线方式、供电半径、分段数三方面完善网架结构。

(1)接线方式:对于缺少变电站布点的乡村中压配电网宜采用多分段、单辐射接线方式,具备条件时也可采用多分段适度联络、多分段单(末端)联络方式。对于城镇中压配电网宜采用多分段适度联络方式,以多分段三联络方式为主。而部分采用电缆线路的地区接线方式宜采用单环式结构,双电源用户较为集中的区域宜采用双环式结构。

(2)供电半径:10kV线路供电半径城镇不宜超过5km,乡村不宜超过15km。对于负荷密度小,超长供电的10kV线路,可采取装设线路调压器的方式,调整线路中后端电压。负荷轻且有35kV线路通过的偏远地区,低压问题突出的E类地区,可通过建设35kV/10kV配电化变电站或35kV/0.4kV直配台区方式供电。0.4kV线路供电半径应小于400m。

（3）分段数：10kV 架空线路主干线分段数一般为 3 段，不宜超过 5 段。每段配电变压器容量可按照不大于 2500kVA 控制，每段用户数宜不大于 10 个。对大分支线路要进行整治。

（二）走廊路径的选取

在选取走廊路径时，为了运行和施工方便，应选择有利的交通条件，要避开低洼地、易冲刷地带和影响安全运行的其他地带。

同时要与乡镇规划相适应，与其他市政设施协调，供敷设电缆用的土建设施宜按电网远期规划并预留适当裕度一次建成，架空线路应尽量避开居民集中居住地带、经济开发区、风景旅游区；要与道路、河道、灌渠相协调，力求不占或少占农田。

遇到山区时应沿起伏不大的地形走线，避免大档距、大高差。通过山陵地带时，宜沿覆冰时背风坡或山体阳坡走线。耐张段不宜过长，转角角度不宜过大。在走廊狭窄地带，可考虑多回同杆架设，杆头布置可考虑紧凑型设计。

（三）配电台区布点

农村电网配电台区应采取“小容量、密布点、短半径”原则。城镇要按照规划远期负荷，一次性建设改造到位，农村按照 3～5 年发展裕度，提高布点密度。以完成后 5～10 年不再重复改造维修的原则，按整个台区、村或小区，开展片区式低压电网改造，开展低压接户线、表箱等专项整治，解决公用配变“三相负荷不平衡”、低压线路“卡脖子”、接户线及表箱设备容量不匹配等薄弱问题。要加快户均容量偏小、乡村区域供电半径大于 500m 的配变台区升级改造，通过公用配变增容布点、低压负荷割接、低压线路分段等措施消除低电压现象。对于季节性负荷差异大的区域，可采用有载调压（调容）配变或主母变供电。对于深山区、农牧区等居民分散、农村作坊少、用电负荷小的地区，宜采用单相变压器供电、小容量三相变压器或单、三相混合供电。对空载时间长的配电台区应采用非晶合金变压器，同时注意布置非晶合金变压器时产生的噪声，避免对用户造成影响。而新型小城镇、美丽乡村、旅游街区、风景旅游区核心地带可采用与环境协调的箱式变压器供电。

（四）考虑区域性的差异化设计

沿海地区要考虑防台风措施。如：耐张段两端可选用钢管杆，混凝土电杆采用预制式基础，适度使用电缆，提高线路抗倾覆能力，等等。

对于山区 10kV 架空线路要因地制宜采用差异化设计。山区架空线路宜采用架空绝缘铝合金导线，大档距时应采用钢芯铝绞线，并按送电线路架设。通过林区线路中心线山坡侧 5m 内林木自然生长高度如超过 12m，推荐使用 35kV 等级以上的拉线塔和角钢自立塔。因档距较大，山区线路应逐基装设防风拉线。山区架空线路电杆宜采用轻型高强度电杆和组装型杆。

根据实际情况，因地制宜地进行设备选型工作。

（1）中低压架空线路通常采用铝绞线或钢芯铝绞线。出线走廊拥挤、树线矛盾突出、人口密集的供区宜采用绝缘导线。出线走廊宽松、安全距离充足的城郊、乡村、牧区等供区可采用裸导线。应考虑逐步提升农村电网整体绝缘化水平。

（2）配电线路优先选用架空方式。对住房和城乡建设部等部委认定的历史文化名村、传统村落和民居，以及对环境、安全有特殊要求的地区，可采用低压电缆进行改造。在本轮农村电网改造升级中，对新型小城镇、美丽乡村、旅游街区宜采用低压电缆进行改造。

(3) 沿海地区或高盐雾地区导线应采用抗腐导线或采取防腐涂油措施，可采用铜绞线。绝缘配合设计及绝缘子选择上适当提高标准，应采用防污绝缘子、有机复合绝缘子。

(4) 在多雷区及以上区域逐杆采用带间隙避雷器，提升线路防雷水平。雷击多发区域，可采取架空避雷线和耦合地线防雷方式。

(5) 农村电网无功补偿策略为集中补偿与分散补偿相结合，高压补偿与低压补偿相结合，调压与降损相结合。供电距离远、功率因数低的中压架空线路可安装自动投切的柱上式无功补偿装置。低压用户电动机多的配电台区，除采取电动机随机补偿外，适当提高配变低压侧无功补偿装置配置容量。

在农村电网智能化改造方面，一般地区的农村线路配电自动化可采用就地型重合器式或故障指示器方式，而人员稀少的偏远地区、农牧区可采用故障指示器方式。配电通信网宜采用无线或载波方式。经济发达地区则可相应提高建设标准。在配网设计时，应同步考虑信息通道的敷设。

在自动化终端的选择上，线路的关键性节点宜配置"三遥"(遥信、遥测、遥控)终端，一般性节点宜配置"二遥"(遥信、遥测)终端。

在具备条件的地区，还需要考虑分布式电源、电动汽车等多元化负荷的接入及与电网的协调能力。

第四节 标准化设计

一、通用(典型)设计和标准化物料

近两轮农村电网改造升级都提出"应积极采用'三通一标'(通用设计、通用设备、通用造价、标准工艺)"。电网公司为推进配电网标准化建设，统一建设标准，统一设备规范，方便运行维护，方便设备招标，降低建设运行成本，近几年均开展了配电网工程通用(典型)设计工作。

电网公司通用(典型)设计的特点：一是适用性强，综合考虑了不同地区的实际情况并加以总结提炼使得对不同规模、不同形式、不同外部条件均能适用；二是灵活性好，采用模块化设计手段并加以合理划分，接口灵活规范，组合方案多样；三是先进性好，推广应用成熟适用的新技术、新设备、新材料。

与通用(典型)设计相适应的，电网公司也开展了物料的标准化工作，主要是颁发配电网建设改造标准物料目录，给出了设备和物料选择范围以及技术要求。以国家电网公司为例，其颁发的《标准物料目录》具有统一的物料编码和技术规范。工程建设中，是否符合电网公司通用(典型)设计和是否采用标准物料是可研、设计文件评审的重要评审要素。

为便于物资采购、施工备料、运行维护、物资周转，实际工程建设中，各地区一般要根据地区负荷发展水平、地区地形地貌、水文地质、气象条件以及运行维护习惯，选择适合本地区的通用(典型)设计模块和物料，实现标准化和序列化，尽量做到精简适用，一

般主干线、分支线常用截面的导线或电缆宜各选择2～3种，所以对通用（典型）设计和标准物料的应用应有一个甄选的过程，体现差异化设计的要求。

二、标准工艺

标准工艺是工程质量管理、工艺设计、施工工艺和施工技术等方面成熟经验、有效措施的总结与提炼而形成的系列成果，由工程工艺标准库、典型施工方法、标准工艺设计图集等组成，经电网公司统一发布、推广应用，是工程项目开展施工图工艺设计、施工方案制定、施工工艺选择等相关工作的重要依据。

建设单位工程建设管理部门负责标准工艺的归口管理，明确标准工艺应用计划、管理目标及管理措施，组织工程参建单位开展工程项目标准工艺实施。

设计单位负责开展项目标准工艺设计应用策划，开展设计技术创新，在初步设计和施工图阶段全面采用“标准工艺设计图集”，推广新技术、新工艺、新流程、新装备、新材料的应用，并负责标准工艺应用的专项设计交底。

施工单位负责开展标准工艺施工策划，负责工程项目标准工艺的具体实施，在施工方案等施工文件中，明确标准工艺实施流程和操作要点，参与标准工艺的研究或补充完善工作。

三、设计深度

电网公司对设计内容深度的要求都有较明确的规定，以国家电网公司为例，对其设计内容深度的要求进行说明，具体可参见《配电网工程初步设计内容深度规定》（Q/GDW 1784）及《配电网工程施工图设计内容深度规定》（Q/GDW 1785）。

（一）初步设计内容深度要点

对重要技术方案应进行多方案的技术经济比较，提出推荐方案，宜做到概算深度。路径方案须重点描述及进行多方案技术经济论证比较，要有沿线协议情况说明，重要跨越应进行安全性评估。抵御自然灾害的措施要在相应章节论述。造价分析要与可研指标对比分析，说明工程量增减情况，要与通用造价指标定量对比分析。要有拆旧情况说明，说明拆旧工程的范围，预回收物料的种类和数量。要说明“三通一标”的应用情况，说明采用通用设计的数量和模块，未采用的要说明原因，明确标准工艺应用的要求。

（二）施工图设计内容深度要点

基本要求是能正确指导施工、方便竣工验收、保证运行档案正确齐全；同时应满足设备材料采购、施工招标、业主单位管理、施工和竣工结算的要求。要详细说明线路路径，各处跨越障碍物的情况，特殊地质地带的情况，交通情况。要提出施工、运行中关于安全、工艺等方面的注意事项及要求，包括架线、线路相序布置、绝缘子串组装、接地、带电作业、杆塔、基础等方面内容，在各章节分别说明。对标准工艺应用要明确主要技术要求，跨越复杂及山区线路应绘制平断面图。要求拆旧情况说明同初步设计。施工图预算要与初步设计批准概算进行简要分析比较，阐述投资增减的原因。工程量计算以定额及现行计算规则为准，施工图设计文件为依据，参照设备安装图纸等进行计算。

在工程建设实践中，考虑到配网工程的工期特点以及电网公司工程立项、审批、招投标等管理要求，各地都加强了可研和初步设计的深度要求，一般在可研编制时设计方案、站址路径都经仔细论证，已具备达到初步设计深度的条件，而初步设计时已具备达到施工图设计深度的条件。

但由于配网工程点多面广，外部因素复杂多变，受市政建设制约情况较多，设计单位需要加强与建设单位、地方政府及地方相关职能部门的沟通，尽早落实工程站址路径等要素，以减少实施过程中的设计变更。

第五节 典 型 案 例

一、项目概况

A台区为10kV柱上变压器台，由10kV老庄线供电，变压器型号为S11－315/10/0.4，共有低压出线2回，A路低压线路供电半径400m，B路低压线路供电半径700m，年最大负荷电流500A，最大负载率110％。供电户数71户，户均配变容量为4.44kVA。经运行人员现场测量，台区B路出线末端用户最低电压仅为180V。

根据台区所在供电区域五年规划，该区域纺织产业经济总量将逐年提升，家庭小作坊用电将不断增加，预计至2020年户均用电容量将达到10kVA。

二、建设必要性

此台区存在两个主要问题：一是末端电压过低，低压线路供电半径过长，末端电压过低，居民生活用电设备不能正常使用；二是原配电变压器户均容量不足，现已有超载现象，供电能力不能满足负荷发展需求。故需进行台区改造。

三、改造方案

由10kV老庄线海塘公路支线#2杆支出2档10kV架空线至A台区低压B路出线末端处，于此处新增1台配电变压器，容量按供区3～5年规划一次性考虑，选择400kVA变压器（命名为B台区），供A台区低压B路出线负荷。A台区低压B路出线B6～B7杆间导线开断，使低压A、B路出线供电半径均在500m以内。B台区选址在乡村道路边，运输便利，施工方便。

四、设计选型

设计选型主要从配电变压器，低压综合配电箱，柱上变压器台架，跌落式熔断器，变压器10kV引下线，防雷、接地，绝缘子金具串选用七个方面进行简要阐述。

（1）配电变压器采用低损耗、全密封、油浸式变压器，型号为S13－400/10/0.4。

（2）低压综合配电箱按400kVA容量配置，无功补偿按120kvar配置，采用无功补偿自动控制器，控制电容自动投切。配置1回进线、3回馈线（其中一回备用），进线选用熔断器式隔离开关，规格800A，馈线选用带剩余电流保护的断路器，规格400A/3P＋N。安装配电智能终端，具备通信、数据采集、四遥一体的功能。安装电量采集集中器，具备无线远传功能。

(3) 柱上变压器台架采用等高杆方式，电杆选用 190mm * 15m * M 非预应力混凝土杆。

(4) 变压器 10kV 侧选用 100A 跌落式熔断器。熔断器短路电流水平按 8/12.5kA 考虑，其他 10kV 设备短路电流水平均按 20kA 考虑。

(5) 变压器 10kV 引下线选择：主干线至跌落式熔断器上桩头选用 JKLYJ－10/50mm² 架空绝缘导线，跌落式熔断器下桩头至变压器选用 JKTRYJ－10/35mm² 架空绝缘导线，变压器至低压综合配电箱出线选用 JKTRYJ－1/300mm² 架空绝缘导线，低压综合配电箱出线选用 BS1－JKLYJ－0.4/4 * 120 集束绝缘导线。

(6) 防雷、接地：柱上变压器台高压侧安装金属氧化物避雷器，型号选择 HY5WS5－17/50。并设水平和垂直接地的复合接地网，接地体敷设成围绕变压器的闭合环形，接地体一般采用镀锌钢，接地体的埋深不应小于 0.6m。

(7) 绝缘子金具串选用原则：综合考虑强度、耐冲击性、耐用性、紧密性和转动灵活性选择绝缘子金具。10kV 柱式瓷绝缘子选用 R5ET105L 绝缘子，10kV 耐张绝缘子选用 2 * XP－70悬式瓷瓶。

五、实施效果

通过台区改造，首先有效解决配变过载问题，并满足负荷发展需求；其次，有效解决台区低压配电线路末端电压偏低的问题，根据计算结果，最大负荷时台区低压配电线路末端电压偏差为 3%；最后降低了低压线路供电半径，有效降低台区线损。

六、附图

10kV 线路路径图如图 3－2 所示，改造前 0.4kV 线路模拟图如图 3－3 所示，改造后 0.4kV 线路模拟图如图 3－4 所示。

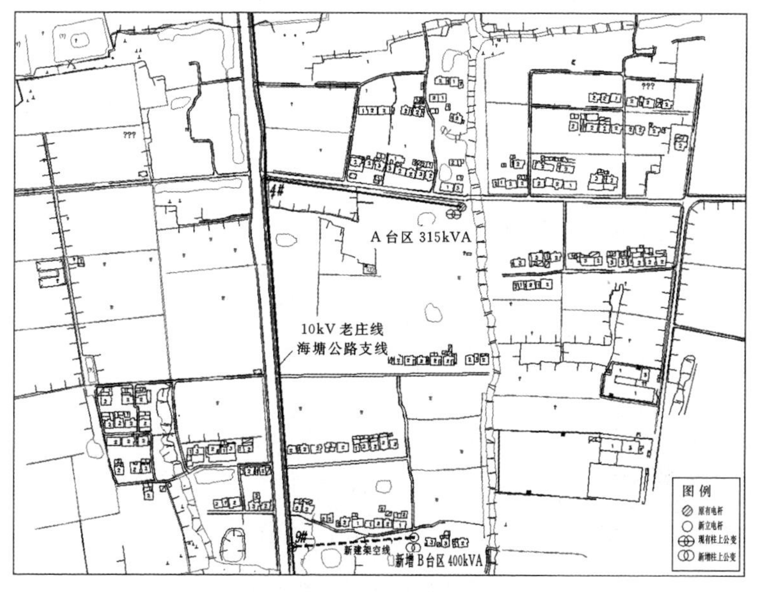

图 3－2　10kV 线路路径图

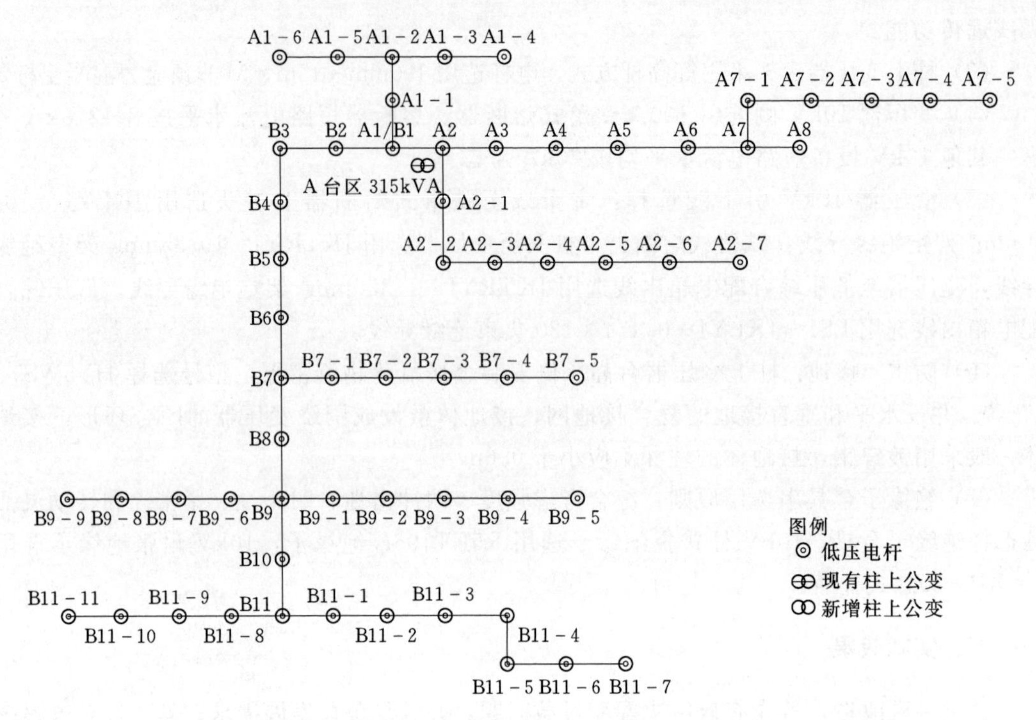

图 3－3 改造前 0.4kV 线路模拟图

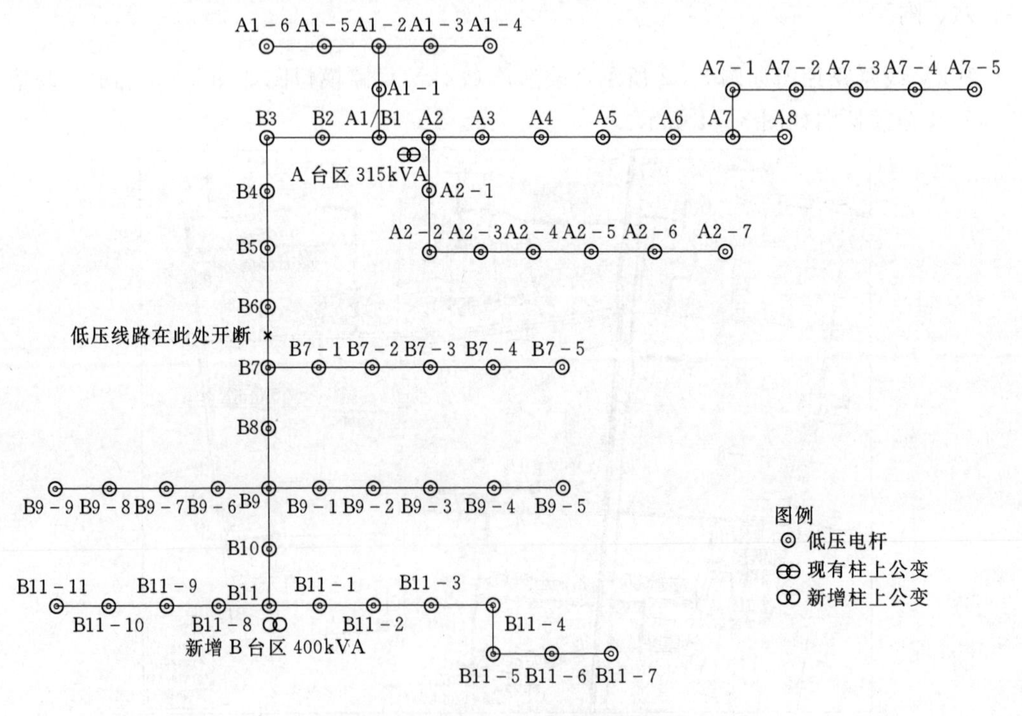

图 3－4 改造后 0.4kV 线路模拟图

第四章　物　资　管　理

第一节　物资需求管理

物资需求管理是满足工程项目进度控制的关键环节，是农村电网改造升级工程安全、顺利、规范建设的重要保障。为规范农村电网改造升级工程物资需求管理工作，当前电力企业印发了一系列制度文件，应用了企业资源计划系统（简称 ERP 系统）、电子商务平台（简称 ECP 系统）等系统，对物资需求管理进行全过程、闭环管理。

通俗地讲，物资需求是根据年度投资计划、工程项目进度控制计划、工程项目设计成果中的设备和装置性材料需求情况，按照相应招标采购模式，组织相应物资供应商按要求完成设备和装置性材料供应的过程。

物资需求管理主要包括物资需求计划管理、物资采购管理、配电网协议库存物资管理。

一、物资需求计划管理

农村电网改造升级工程物资需求计划是以年度投资计划、典型设计、工程进度控制计划为基础，开展的物资需求计划编制、审核、审批过程，主要包括年度物资需求预测计划和工程项目物资需求计划。

（1）年度物资需求预测计划用于配电网协议库存招标采购，依据物资招标批次安排，掌握一定时期内项目计划下达情况，编制年度物资需求计划。

（2）工程项目物资需求计划是指工程项目完成设计工作后开展的工程物资需求计划编制、审核、审批过程。工程项目设计是工程项目物资需求计划提报的首要环节，关系到物资需求提报的准确性、统一性、规范性，设计单位按照计划下达文件开展设计，防止严重超出或节余投资计划、计划建设规模现象，确保物资需求数量满足计划下达文件刚性执行工作要求。设计成果严格执行配电网典型设计，落实“三通一标”工作要求，满足标准化建设相关要求。严格执行物资采购标准，统一型号种类、统一技术参数、统一技术规范。在完成项目计划设计后，开展储备项目的星级评价，按照需求度确定年度工程项目和物资需求总量。在规定时间内，保质保量完成工程项目物资需求计划编制工作。

二、物资采购管理

（一）物资采购的主要方式

当前农村电网招标采购主要以“统一、集中、全面、刚性”为原则，统一申报平台，强化集中采购目录和批次计划管理，规范采购策略，本着“质量优先、价格合理、诚信共赢”的原则，甄选优秀、合格的供应商，节约工程成本。物资采购方式主要包括平衡利库、确定采购方式两部分。

（1）平衡利库是指公司库房中存有满足需求条件的物资，在新的物资采购时，按照“先利库、后采购”的原则，开展的相关工作。平衡利库的主要目的是加快物资周转，综合利用库存物资资源。

（2）确定采购方式是指根据市场供求关系、物资需求时间要求、采购与生产周期等因素，结合不同物资需求特点，开展的相应招标、采购模式。采购方式主要包括招标采购和非招标采购两种，当前农村电网改造升级工程主要采用招标采购方式，招标采购方式主要包括配电网协议库存招标采购、超市化招标采购、施工承包商采购三种。

1）配电网协议库存招标采购是指对一定时期内采购需求进行预测，通过招标或非招标方式确定协议供应商、采购数量和采购金额，根据实际需求，平衡利库后以供货单方式分批或分期要求协议供应商按照规定时间提供相应数量的产品，并据此向协议供应商分批或分期结算货款。

具体要求如下：根据近3年历史采购数据，结合年度投资计划，按照物料品种编制协议库存采购需求计划，制定采购方案。采购方案应包括采购需求计划、统一技术标准、标包划分原则、资质业绩条件、潜在合格供应商情况、评标标准与办法、授标原则、价格联动办法和匹配原则等内容。开展协议库存采购前，根据物资采购品类开展前期市场调研，分析行业信息、市场价格和潜在供应商规模水平，核实并掌握供应商资质能力。物资协议库存采购每年1～2次。协议库存原则上按物资品类进行分标。同一品类物资供应商技术水平和生产要求存在较大差异的，针对不同的规格参数，可在按物资品类分标的基础上进一步按规格分标。根据实际情况，协议库存可按区域或数量（金额）进行分包，但对以有色金属（铜、铝）为主要原材料实行价格联动的物资宜按金额分包。各包之间的需求数量或估算金额保持适当的梯度，梯度差异不宜过大。

协议库存采购文件应明确以下内容：

a. 采购需求量、采购有效期、评审标准及方法、报价要求、价格计算方法和授标规则等。

b. 有效期内合同总金额或合同数量浮动比例。

c. 最短供货周期和最小配送数量要求。

d. 协议库存终止条件。

e. 需要明确的其他条件：协议库存实行价格联动的，应在招标文件中明确需联动的物资品类及其联动原材料、联动公式、联动周期，原材料价格获取方式、基准价格和含量等。一般以铜、铝、钢材为主要原材料的物资宜采用价格联动，如10kV及以下电力电缆、导地线、低压电力电缆、控制电缆等。

价格联动公式为：

$$P=P_0+K\times(B-A)$$

若 $|(B-A)/A|\leqslant$(调整阈值)%时，价格不联动

若 $|(B-A)/A|>$(调整阈值)%时，进行价格联动

式中：P 为采购单价；P_0 为中标单价；K 为价格联动物资部门数量中的相关原材料含量；A 为投标截止日《上海有色网》公布的原材料收盘日均价；B 供货单发出日上月“上海有

色网”公布的原材料收盘日均价均值。调整阈值应在招标文件中明确。

招标代理机构根据批次安排发布协议库存采购公告，通过公开招标或竞争性谈判等方式选择协议库存供应商。原则上一个区域相同品类的物资要确定两个及以上的协议供应商，防止供应履约风险。

2）超市化招标采购是指工程项目所需零星物资，且无法形成相应资金规模而采用的招标采购方式，该方式以特定时间为期间，只确定单价，随着工程建设，适时、分批供应相应物资。

3）施工承包商采购是指除上述两种招标采购方式以外，无法进行招标采购的零星物资，该方式是由施工承包商自行开展供应商选择、价格确定、物资供应工作，物资价格不得高于市场平均价格，物资质量须经业主验收合格后方可入场使用。

（二）物资招标范围和分类

物资采购应明确以下要求：

（1）明确采购目录范围，见表4-1。

表4-1　农村电网设备材料采购目录

一次设备					
	交流变压器				
		10kV变压器		配网设备	配电变压器
		箱式变电站		配网设备	物资电压等级10kV
	交流断路器				
		柱上断路器		配网设备	物资电压等级10kV
	交流隔离开关				
		交流三相隔离开关	10kV及以下项目	配网设备	物资电压等级10kV
		交流单相隔离开关	10kV及以下项目	配网设备	物资电压等级10kV
		交流接地开关	10kV及以下项目	配网设备	物资电压等级10kV
	开关柜（箱）				
		环网柜		配网设备	物资电压等级10kV，含带开关的电缆分支箱
		环网箱		配网设备	物资电压等级10kV
		高压开关柜	10kV及以下项目	配网设备	
		高压计量柜	10kV及以下项目	配网设备	物资电压等级10kV，须与同一工程高压开关柜配套申报，不包括单独采购的高压计量柜
	避雷器				
		交流避雷器	10kV及以下项目	配网设备	物资电压等级10kV
	负荷开关				
				配网设备	物资电压等级10kV
	高压熔断器				
				配网设备	物资电压等级10kV

续表

一次设备					
	母线				
		封闭母线桥	10kV 及以下项目	配网设备	
	变电成套设备				
		10kV 柱上变压器台成套设备	10kV 及以下项目	配网设备	
二次设备					
	配电自动化				
		配电主站系统	10kV 及以下项目	变电设备 第三次	
		配电终端	10kV 及以下项目	配网设备	含故障指示器
装置性材料					
	杆塔类				
		钢管杆（桩）	10kV 及以下项目	配网材料	
		锥形水泥杆		配网材料	
		等径水泥杆		配网材料	
	导、地线				
		钢芯铝绞线	10kV 及以下项目	配网材料	
		钢绞线	10kV 及以下项目	配网材料	
		架空绝缘导线	10kV 及以下项目	配网材料	
		铝绞线	10kV 及以下项目	配网材料	
		集束绝缘导线	10kV 及以下项目	配网材料	
		铝包钢绞线	10kV 及以下项目	配网材料	
		铝包钢芯铝绞线	10kV 及以下项目	配网材料	
	绝缘子				
		蝶式绝缘子		配网材料	
		针式瓷绝缘子		配网材料	
		交流棒形悬式复合绝缘子	10kV 及以下项目	配网材料	
		交流盘形悬式玻璃绝缘子	10kV 及以下项目	配网材料	
		交流盘形悬式瓷绝缘子	10kV 及以下项目	配网材料	
		线路柱式复合绝缘子		配网材料	
		线路柱式瓷绝缘子		配网材料	
	电缆				
		电力电缆		配网材料	物资电压等级 10kV
		低压电力电缆		配网材料	
		复合低压电力电缆		配网材料	
	电缆附件				

续表

装置性材料					
		电缆分支箱		配网设备	物资电压等级 10kV 及以下
		电缆中间接头		配网材料	物资电压等级 10kV 及以下
		电缆终端		配网材料	物资电压等级 10kV 及以下
		电缆保护管		配网材料	
	光缆				
		全介质自承式光缆（ADSS）	10kV 配网项目	配网材料	
	光缆附件				
			10kV 配网项目	配网材料	ADSS 光缆附件
	金具				
		光缆金具	10kV 配网项目	配网材料	ADSS 光缆金具
注意事项： 1. 协议库存批次采购范围内的物资是按照物资品类和物资电压等级进行申报的，采购计划应包含运检、基建、营销等项目； 2. 新建住宅供电工程配套收费政策工程、受托建设的用户工程等所需物资及服务，按照统一管理要求纳入省公司采购管理范围（除电能表）； 3. 协议库存实施范围不包括电源项目。					

（2）明确采购策略。包括标包划分原则、资质业绩条件、潜在合格供应商情况、评标标准与办法、授标原则、价格联动办法和匹配原则等内容。

（3）明确物资采购标准。包括物料编码、物料描述、技术规范。

（三）物资招标的组织和实施

协议库存采购工作按照“公开、公平、公正和诚实信用”的原则，在统一组织监控下，充分发挥和切实落实各级公司实体作用，协议库存货物集中招标。采购工作全面推行资格预审、电子化单轨制招标和远程异地评标，科学优化采购策略，规范招标采购管理，提高采购工作质效，倡导质量优先，依法合规，全面提升采购管理工作水平。

工作流程包含资格预审、招标文件要点会审、发标前准备、开标前准备、开标、评标、确定招标结果等。

三、配电网协议库存物资管理

物资采购工作结束后，中标供应商与业主按照“统一签订、统一结算、分级履约、协同运作”的原则，签订物资供应合同。此处所指物资合同管理是指物资合同的签订、履约、变更、结算和归档等全过程的管理工作。

（一）物资合同签订管理

供电企业应当按照统一合同文本与招标采购结果，在规定时间内（电网公司一般约定为 30 天），履行“经济法律管理业务应用”系统会签制度后双方签订书面合同，合同签订过程中不得对招标采购结果进行修改。物资合同签订结束后，将物资中标相关信息录入 ERP 系统，以便开展物资匹配及合同履约。

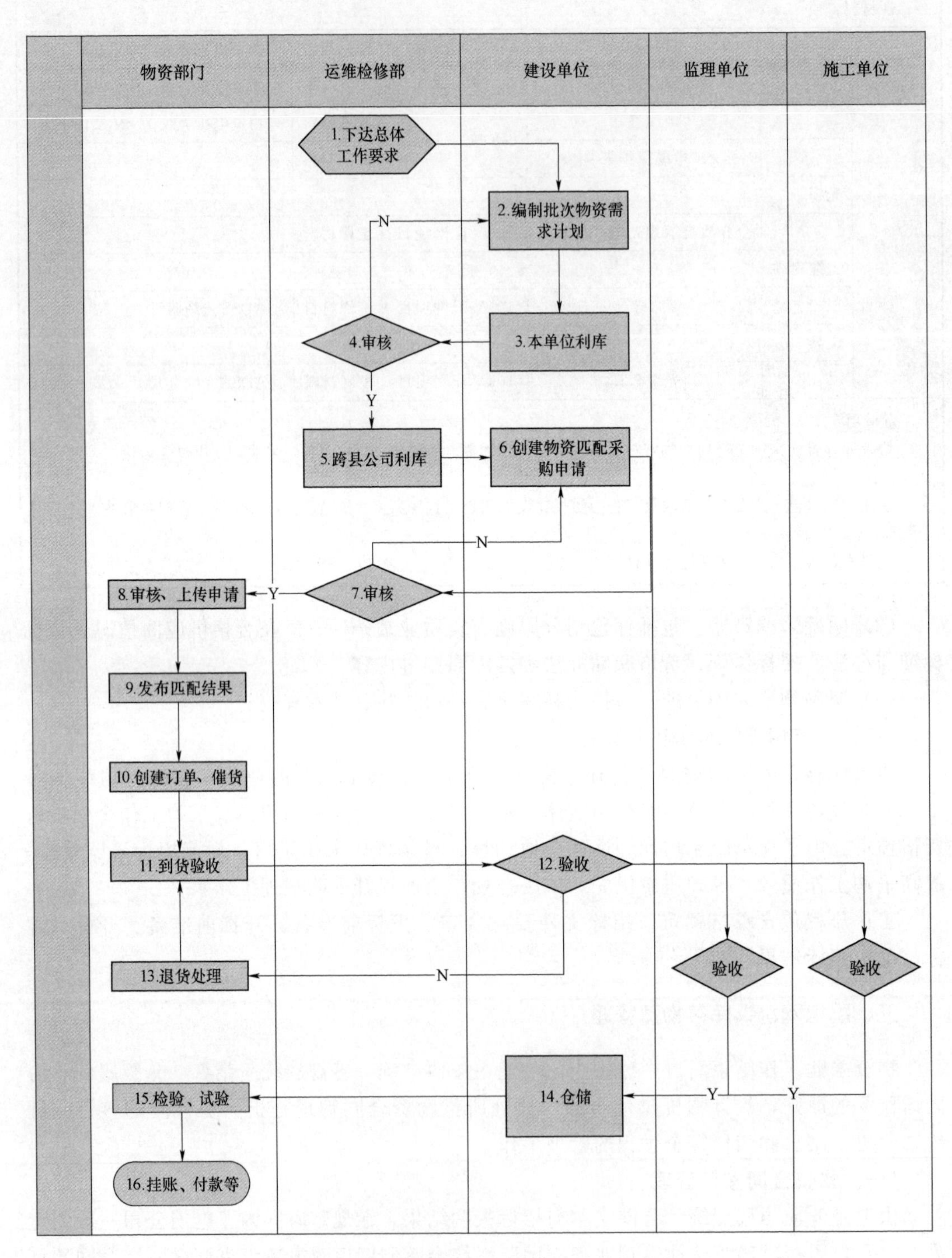

图 4-1 配电网协议库存物资匹配工作流程

（二）物资合同履约管理

企业应根据合同约定和实际需求，组织编制、调整供应计划，实施物资供应与进度管控，开展物资催交催运、移交验收、现场服务、日常协调等工作。协议库存采购合同终止与延期：协议期届满，某一协议供应商订单执行总量在承诺采购总量上下限之间的，应当终止协议库存合同。协议期届满，但某一协议供应商订单执行总量未达到承诺采购总量下限的，应当通过延长协议有效期限予以兑现，直到订单执行总量达到承诺采购总量下限为止。协议期未满，但某一协议供应商订单执行总量达到承诺采购总量上限时，终止协议库存启动新一期的协议库存采购。

（三）物资合同结算和档案管理

企业应按照合同约定和实施进度开展物资合同的资金预算申报以及支付工作。按照档案管理相关规定，开展合同以及相关资料的整理、归档工作。

四、农村电网改造协议库存物资匹配管理

按数量（金额）分包的协议匹配应按照招标批次的先后顺序，遵循同比例原则进行匹配。当供应商的份额完成率出现差异时，优先匹配给份额完成率最低的供应商。在比例均衡的基础上，可考虑以下因素：根据项目的实际需求，可优先选择能够最大满足工期要求的供应商。对于开关柜、低压柜等成套设备须与前期配套的，按照原供应商优先匹配。同一工程项目的物资，根据历史分配记录，分配给同一家供应商。对于水泥杆等价值低、运输成本较高的物资，按照供应区域就近原则进行匹配。按区域分包的协议库存供应商订单执行总量达到承诺采购总量上限时，终止协议库存合同。要积极推进协议库存匹配原则系统固化工作，逐步实现系统自动匹配，尽量减少人为干预。

配电网协议库存物资匹配工作流程如图4-1所示。

第二节　物资仓储及配送

物资作为电网企业的核心资源，为生产提供有力的物资保障，显现出越来越重要的地位。传统的物资仓储及配送管理模式，已无法适应当前发展的需要，必须由传统仓储管理向现代化仓储管理转变，实现集中仓储、统一配送，对不断降低公司经营成本，有效提升企业物资管理服务水平有着重要的意义。仓储管理是指对公司实体仓库、库存物资、仓库作业、配送的管理。仓库作业管理包括仓储规划建设（仓储网络、仓储信息化、仓储标准化）、库存物资管理（入库、出库、退库、保管保养、稽核盘点、报废等）、安全管理等工作。配送管理是指将物资从仓库运送到指定地点，包括配送需求、配送调度、配送执行、配送交接、配送结算、安全管理等全过程管理。

一、管理原则

物资仓储及配送管理遵循“合理储备、加快周转、保质可用、永续盘存”的原则。

（1）合理储备：库存物资储备以保证电网建设，满足生产、经营需要为前提，制定储备定额，确定储备策略，控制库存总量。

（2）加快周转：合理布局仓库网络，综合平衡库存物资种类和数量，利用平衡利库，加快物资周转，提高库存物资周转效率。

（3）保质可用：库存物资应定期检查，及时组织检验，保证库存物资质量完好，随时可用。

（4）永续盘存：物资收、发、转储、退库等信息应在当日内完成信息记账，确保账、卡、物相符。

二、实体仓库管理

企业应建立总部应急储备仓库、分公司区域库、周转库三级实体仓库网络。各级实体仓库名称、地址、面积及库存地点等仓库资源信息实施统一注册管理并统一上报备案。总部一级应急储备仓库承担应急物资的集中储备任务，仓库所属省一级机构、地市一级机构负责仓储配送作业。区域库承担区域内物资集中储备和周转配送任务，各级机构可根据实际情况，跨行政区域设置区域库。区域库所属机构负责日常管理和仓储配送作业。

各级实体仓库的新增、修改或注销，需经总部一级审核通过后，完成仓库注册信息变更。各级仓储管理部门应根据仓库运转、维修、库存物资检验费用等情况，编制仓库运维计划报物资、建设、财务审核。仓库运维费用纳入本单位专项成本费用统一管理。仓库的地标、名称标牌、建筑物LOGO、色彩等外观标识应按照视觉识别手册标准执行。新建、改扩建仓库实施标准化仓库定置建设；旧有仓库应功能区域规范、仓库环境整洁、物流运作有序。

三、库存物资管理

企业库存物资资源全部纳入系统统一管理，实现库存信息“一本账”。企业对库存物资储备量实行定额管理。企业总部一级、省一级制定两级物资储备定额，按照“定额储备、按需领用、动态周转、定期补库”模式运行。库存物资遵循“合理储备”的原则，以满足生产、经营需要为前提，合理确定储备数量，优化储备策略，减少库存积压。

企业各级管理机构应加强运维物资备品备件集中管理，实施备品备件的统一采购、集中储备、统一配送，加快动态周转。加强供应商协议储备、寄售、联合储备等多种储备策略的研究和应用。各级仓储管理负责协议储备、寄售、联合储备的日常管理。加强库存物资供应和消耗基础数据收集与管理，定期修订完善储备定额。

库存物资遵循“加快周转”的原则，综合平衡库存物资种类和数量，坚持“先利库、后采购”，严把采购关口，凡是仓库内可利库物资，原则上不允许重新采购。电网公司建设库存资源信息共享平台，建立跨部门、跨地区、跨项目的资源调配机制，有效调配闲置资源，提高库存资源利用效率。要减少由于物资过量采购而造成的库存积压，按照“谁形成库存，谁负责利库”的原则，加大利库力度，加快库存周转。

项目物资、日常运维物资在仓库暂存时间原则上不得超过180天。企业将建立逐级平衡利库及库存调拨工作机制。本地市库存物资，由地市一级机构实施调拨与配送；跨地市库存物资，由省一级机构利库后实施调拨与配送。

调配利库产生的运输费用原则上按“谁需求、谁付费”的方式结算。物资调入可组织到库自提或联系调出部门组织配送。运输过程中产生的费用（包括运输费用与保险费用）列入相关成本。库存物资利库要综合考虑库存物资的运输成本及相关费用，确保库存物资调拨经济合理。各级仓储管理负责企业备用资产、待报废资产、暂时/长期存放在仓库的设备/材料等实物的收、发、存管理；各级机构负责资产的利库调拨和账务管理。库存物资遵循“保质可用”的原则，应定期检查、及时检验，确保库存物资质量完好、随时可用。库存物资遵循“永续盘存”的原则。物资收、发、转储、退库等信息应在当日内完成信息记账，确保当日实物与账面数量保持一致。

四、仓库作业管理

企业应建立健全仓库作业操作手册，规范物资验收入库、储存保管、调拨出库、稽核盘点、库存报废及物资退库等工作流程。物资接收入库时应组织验收，核对物资名称、规格和数量，确保接收物资完好，资料齐全。物资接收入库后应建立物资卡片并放置在醒目处，保证账、卡、物一致。堆码方式及储备分区应根据库存物资品种、规格、体积、重量、理化性质等特征确定。各级仓储管理应采取有效措施防止库存物资腐蚀变质和损坏，定期组织库存物资盘点，根据实盘数量分析盘点差异原因，编制盘点差异报告。

盘点差异报告审批通过后办理账务处理。物资出库应遵循“先进先出”的原则，对有保管期限的物资，应在保管期限内发出。物资出库时应核对物料名称、规格、数量等信息，保证发货准确、手续和资料齐备。遇到紧急事故不能按正常手续办理出库的，可凭物资需求办理证明发料，并在3日内补办出库手续。各级物资需求单位领用后未使用物资，要及时办理退库手续。

工程结余物资办理退库：在工程竣工后，编制工程结余物资退库申请，经审批后，办理实物退库；项目建设人员负责将退库物资送抵指定仓库和区域，退库物资必须质量合格、数量准确，资料齐全（包括但不限于合格证、说明书、装箱单、技术资料、商务资料等）。各级仓储管理接收退库物资时，依据审批后的物资退库申请及鉴定表，核对物资的品名、规格、数量、相关资料，验收无误后方可接收物资。

退役资产编制退役资产保管申请，经审批后，与各级仓储办理实物保管手续。各级仓储管理部门依据审批后的保管申请及鉴定表，核对物资的品名、规格、数量、相关资料并办理入库。

工程结余物资和退役资产在办理入库手续前，组织开展物资/资产技术鉴定。工程结余物资鉴定为可用的，除满足规定技术条件外，应同时满足以下条件：线路材料的退库物资导线、电缆单段长度满足最低使用需求量。工程结余物资/退役资产鉴定结果为可用的，各级仓储管理应办理退库/保管入库手续。工程结余物资/退役资产鉴定结果为不可用的，专业管理部门应在一个月内办理完报废手续，将报废手续和实物移交各级机构进行网上竞价处置。

各级仓储管理应根据仓库的定额配置，结合日常生产、运行、维护的实际情况提出库存补库采购申请并组织补库，根据库存物资报废标准提出所辖仓库库存物资报废申请，经审批完成后，办理报废手续并进行网上竞价处置，应综合分析各级仓库的硬件条件、库存物资类型和库存物资出入库频率，对具备条件的仓库采用仓储管理WM模块，提高仓库作业效率。仓库管理宜积极应用条形码、二维码等物流技术，快速识别物资信息，缩短物资入出库、分拣、上下架、盘点时间，提高仓库管理水平。

五、配送管理

配送管理应按照“确保安全、准时快捷、服务优质、配送优化”的原则，由各级仓储管理及时、准确地将库存物资配送至指定现场。各级物资需求根据项目安排、物资耗用情况，提供所需物资品种、数量、时间和地点等信息，提交各级仓储管理。经平衡利库确定出库的库存物资，由各级仓储管理汇总配送需求，制定配送计划并实施配送。各级仓储管理应加强对重点物资配送过程管控，可通过GPS、电话、短信等多种方式，确认车辆状态和位置，监控配送过程。企业应建立配送承运商资质信息库，对承运商资质业绩进行统一管理。应定期组织开展承运商配送及时性、准确性和配送服务质量评价，并将评价结果反馈至配送承运商招标环节。

配送管理工作，应重点对仓储配送安全进行管理，要坚持“安全第一、预防为主、综合治理”的方针，贯彻“谁主管、谁负责”的原则，实行归口管理、分级负责的安全责任制。各级仓储管理建立和完善仓库防火、防洪、防盗、防损、防破坏等防救安全制度，制订各种防救预案，定期演练，确保仓库安全。各种运输、装卸吊装等物流装备应由专人保管使用，满足国家相关法律、法规、规章、标准要求，定期检查、保养，及时维修，严禁带故障使用和违章操作。库存物资装卸搬运过程中，应严格遵守物资装卸搬运操作规程，保证物资和人身安全。装卸吊装机具必须满足物资装卸吊装需求，相关工作人员必须取得相关特种作业人员证书等国家相关资质、资格。各级仓储管理应严格进行出入库管理，对出入库人员、车辆、货物要严格检查、验证和登记。

第三节 物资质量抽检

物资质量是保证配电网工程质量与运维管理水平的关键，物资质量抽检是物资质量管理的主要手段，为进一步加强物资质量监督管理，企业应制定如下物资抽检实施意见。

一、物资质量抽检体系

企业应严格按照物资管理相关规定，建立健全组织机构。构建物资管理与项目管理共同负责，物资实施，建设、监理、施工全面配合的物资质量抽检体系，完善机构、充实人员，为质量抽检有效实施奠定坚实基础，加强技术支撑作用，确保物资质量抽检工作有效开展。

应明确配电网物资质量标准，以国家及行业相关标准为依据，按照物资招标技术规范书及相关的技术标准，明确质量抽检标准。

应建立配电网物资质量分析及反馈机制。建立物资质量月度分析会制度，项目、物资、建设、施工及监理单位参与，对当月物资抽检及监造、现场验收中发现的问题进行汇总、分析。督促供应商做好物资投运后的质量跟踪。严格按照供应商不良行为处理的相关规定，及时报送供应商不良行为信息。整合质量问题信息资源，推动质量问题联动防范机制。根据历年来供应商设备质量情况，建立“黑名单”和“优质供应商名录”。及时在企业相关信息系统或管理平台或社会媒体上发布质量情况通报，警示问题供应商及加强物资质量管理，形成企业上下齐抓共管物资质量的工作机制。

二、物资质量抽检范围

物资质量抽检范围包括：

(1) 配电类设备：开关柜（含环网柜）、配电变压器、跌落式熔断器、避雷器、柱上开关、低压综合配电箱，低压电缆分支箱等。

(2) 线路材料：导（地）线、架空绝缘导线、光缆、金具、铁附件、电缆附件、线路绝缘子等。

(3) 杆塔材料：水泥杆、底盘、卡盘、拉盘等。

(4) 计量设备：电能表、电能计量箱、用电采集装置等。

(5) 对已实施入厂监造的物资，一般不列入抽检范围。

各类物资抽检比例、数量，应按照物资已固化技术规范书中的相关要求执行。

三、物资质量抽检方式及计划

依据检测地点不同，抽检分为厂外抽检和厂内抽检。厂外抽检是指在供应商生产制造现场以外实施的抽检，包括项目现场抽检、仓储地抽检、试验室检测（含送第三方检测）。厂外抽检的检测样品采取盲样方式进行检测。厂内抽检是指在供应商生产制造现场实施的抽检工作。

抽检验收过程必须由物资管理、项目管理、建设、监理、施工及监察共同参与。抽检人员应熟悉抽检工作的相关规定、标准和供应商产品的结构、性能。抽检时应根据抽检对象、工程特点等合理选择检测方式及地点。抽检人员现场工作时，应严格遵守《电力安全工作规程》及现场相关安全管理规定，做好防护措施，确保作业安全。

委托第三方机构承担的检测工作，抽检委托方应与抽检方签订抽检委托服务合同，明确工作职责、检测范围、内容、标准及费用等事项。应加强抽检取样、送样及检测工作管理，确保抽检工作的客观公正。抽选样品时，根据样品的类型及实际情况，在监察人员的监督下，由抽样小组取样人员从材料仓库或施工现场随机取样、封样；送样由抽检小组送样人员将样品送往有关质量检测部门或第三方检测机构进行检测，在送样过程中做好样品的包装和防护措施。

对检测发现质量问题有异议的，可经供需双方协商进行复检、再次取样检测或由权威检测部门定性。经试验合格的样品（包括已破坏的样品）应由送样人员及时取回，并做好记录。经试验不合格或有问题的样品，一般需做好相关记录、留存影像等，通知供应商回收，并监督供应商处置，确保不合格样品不会再次进入电网。如对试品检测后，需要保留一段时期的追诉期，需经双方确认后，然后再进行相应处理。

检测部门实施检测工作，应做好相关记录，并及时出具检测报告，一般在检测工作结束的3个工作日内应完成检测报告和抽检发现问题报告的编制、送达工作。抽检计划要按照招标批次，做到采购供应商及物资种类的全覆盖。抽检计划分为年度抽检计划、批次（月度）抽检计划、专项抽检计划。年度抽检计划内容应包括抽检范围、抽检数量、抽检重点、抽检实施部门、抽检实施时间、抽检费用、抽检预期目标等。

批次（月度）抽检计划根据批次中标结果、供货计划、汇总平衡地市公司抽检计划并统筹编制，内容应包括：批次号、项目名称、物资种类及数量、供应商、实施部门、实施时间、重点检测项目及抽检方式等。专项抽检计划根据项目需要、设备材料特点及供应商情况等编制。企业制定抽检计划时要有针对性，特别是以往发现问题较多、故障率较高的、有家族缺陷的、批次中标量较大、中标价格偏低、新入网以及采用了新技术、新材料、新部件、新工艺等的物资。抽检计划和实施方案可参见附表一～附表三。

四、物资质量抽检问题的处理

抽检发现质量问题后，企业应根据问题性质严重程度采取相应措施，对不影响施工进度，预期投运后不遗留安全隐患的轻微质量问题，可督促供应商进行现场修复，整改情况需要经验收确认。对供应商擅自更换原材料组部件、技术性能指标不满足要求等较严重质量问题，须对供应商采取换货、退货措施，并要求供应商延长质保期，按照合同约定进行违约处理。

对批量出现质量问题、供应商擅自采用劣质原材料或组部件、主要设备性能指标无法满足，造成特别严重质量问题的，除按照上条进行处理外，还须依据《供应商不良行为处理实施细则》，进行相应处理，整改情况需要项目、运维及物资验收并报批。对抽检发现的物资质量问题和采取的处理措施，应以书面形式告知供应商。对供应商进行相关处理时，应严格按照规定做到“合法、合规、合理”，并注意相关文件、资料的保存。抽检发现问题闭环管理单、物资质量整改通知单、抽检不合格产品换货确认单以及对抽检不合格产品供应商的处理决定书可参见附表四～附表八。

五、物资质量抽检工作纪要

物资质量抽检工作结束后一周内，由业主部门对抽检工作出具专项工作纪要，纪要内容包含：供应商、抽检产品名称、型号规格、抽检方式、抽检数量、工程项目名称、招标批次、主要抽检项目等内容参见附表九。

六、物资质量抽检项目

物资抽检有明确的项目和内容，譬如：配电变压器包含电压比测量及联络组标号检定、绕组直流电阻测量、雷电（全波）冲击试验等。箱式变压器包含低压开关柜介电强度试验、高压辅助回路工频耐压试验。避雷器包含局部放电试验、持续电流（全电流和阻性电流）试验。环网柜（断路器、负荷开关、组合电器）额定短路关合能力试验、额定短路关合能力试验等，具体参见附表十。

七、物资质量抽检工作总结

抽检实施方在抽检工作完成后，及时汇总整理抽检工作的有关资料、记录等文件，在15日内完成抽检工作总结并提交委托人。

总结编写中注意的问题：实施抽检工作的各项抽检数据，尽可能全面，应体现客观性、及时性、准确性。抽检中发现的质量问题必须重点进行描述，产品主要原材料、组部件型号产地的变更、替换、质量缺陷一定要描述清楚，并有事后跟踪。供应商对检测结果有异议时的相关处理信息，要形成跟踪闭环。

第四节 废旧物资管理

废旧物资的处置坚持“统一管理、集中处置、先利用、后变卖”的原则，处置包括废旧物资的实物移交、存储、销售和资金回收等业务管理，实施竞价处置。

一、废旧物资回收保管

回收管理是废旧物资管理的源头，企业要不断强化废旧物资管理就必须做好废旧物资的回收工作。废旧物资的回收，包括废旧物资的回收、建账、保管、修复再利用。工程完工后拆回的废旧物资，依据项目内容中拆除部件的型号和数量，按物资属性分类，交回登记、造册统一保管（导线、塔材类过秤）。随后，企业对废旧物资管理工作进行检查和监督并考核，保证资产实物形态的安全、完整。企业财务要对回收的物资清单经行核对，做到账、卡、物相符，并对废旧资产的账务进行处理。

废旧物资回收需开展多方合作的报废鉴定，经技术鉴定可以处置的废旧物资，必须在履行有关审批程序后，提出处置需求申请。对于需现场处置的废旧物资，应在项目预计开工前60天提出处置需求申请。按照资产报废审批单，将废旧物资移交至仓库进行集中储存、处置并办理实物交接、入库手续。严格现场管理，做好拆卸、搬运、现场盘点和数量核实工作，足额回收，不发生拆除物资丢失和损坏，开展对应退料的质量鉴定和评定。

需要入库暂存的废旧物资，将废旧物资运送到指定仓库，提供的报废审批手续、废旧物资回收清单对回收废旧物资进行盘点，核实实收数量（重量），办理交接手续。企业要加大对废旧物资的鉴定工作，在满足技术要求、确保电网安全的前提下，尽可能地发挥废旧物资的作用，降低成本，提高效益。指定废旧物资鉴定标准，落实管理责任。管理过程控制，扎实开展废旧物资再利用工作。加强废旧物资保管，确保可利用设备健康状态。加大拆旧设备综合利用分析，进一步提升利用水平。利用废旧物资时，必须经批准方可领用；废旧物资入库前，必须完成相应的报废审批手续。特殊情况需要现场处置的废旧物资，负责处置前的临时保管。竞价完成后，企业物资和资产管理机构与成交回收商办理实物交接、出入库手续。废旧物资在入库后，要按照台账定期进行盘点，要实行专人、专账、专库管理，做到日清月结、账目清楚。

企业应严禁“有账无物、有物无账或无物无账”的情况发生。同时对入库的报废物资，要分区独立保管，按区域、分品种和规格分类存放。需移至指定地点保管，应办理相关的移库交接手续，报废物质保管时应做好物资的防火、防洪、防损、防破坏等安全工作。工程项目管理、财务、监察等部门积极配合，严格废旧物资的全过程管理和关键环节的管控，加大执行、检查和监督的力度，建立废旧物资管理责任制，各负其责，有效防止废旧物资流失、损失或擅自变卖，杜绝资产流失。

二、废旧物资网上竞价

企业要根据废旧物资处置需求申请编制月度废旧物资竞价计划，经审核后，每月20日前报网上竞价。汇总编制公司月度废旧物资竞价计划，经审批后执行。企业应在废旧物资竞价处置前组织完成废旧物资的价值评估，并依据评估结果组织确定底价，评估结果和底价作为竞价成交的依据。废旧物资处置竞价应委托具备相关资质的代理机构开展网上竞价活动。竞价委托服务费用按相关规定执行。废旧物资竞价应统一开展，以出价最高且高于底价为成交原则。

三、合同的签订和履行

企业根据废旧物资处置成交通知书，组织回收商签订废旧物资销售合同，办理相关手续。物资部门在全额收取废旧物资销售合同货款后，组织回收商进行废旧物资实物交接。对于集中处置的仓库内存放废旧物资，在监察人员见证下，由仓库保管员与回收商共同盘点、称重交接。现场存放的废旧物资交接应在监察人员见证下，由物资管理人员、实物资产使用保管人员、回收商共同盘点、称重，据实交接。废旧物资实物资产使用保管部门应做好现场保管工作，确保废旧物资不丢失、不损坏。

变压器等重大废旧设备应按公司有关规定进行拆解处理，防止其回流进入电网。

四、处置资金管理

废旧物资处置资金管理应遵循“收支两条线”原则。物资部门负责回收变卖处理的出售资金，在废旧物资销售合同签订后，按照合同约定及时完成合同金额的全额收款，并交财务入账。在废旧物资处置过程中发生的运输、仓储等处置服务费用，应据实列支。

五、废旧物资回收商管理

企业应组织对参与本部门实施废旧物资处置竞价的回收商进行资质审核并完成系统回收商资质信息汇总和电子商务平台线上注册审核。通过资质审查的回收商，应进行注册和办理相关手续后，方可参与公司范围内的废旧物资竞价业务。企业应定期组织开展废旧物资回收商资质审查，并对回收商违约等不良行为进行处理。为了防止回收商之间恶意串通等不正当行为的发生，原则上不集中组织回收商现场查看废旧物资实物，回收商可根据需要自行前往现场查看。

六、废旧物资处置安全管理

废旧物资处置工作必须严格按照安全生产的有关规定执行。实物资产应做好现场或库存废旧物资的防火、防洪、防盗、防损、防破坏等安全工作。重要报废物资在处置前应进行拆解处理，防止其回流进入电网；废弃危险品、化学品以及环境污染品在处置时应依照《中华人民共和国固体废物污染环境防治法》、《危险化学品安全管理条例》等国家法律、法规、规章制度执行。

七、档案信息管理

企业应将废旧物资竞价活动有关资料（报废手续、竞价文件、底价、成交通知书、销售合同、实物交接单等）及时存档并做好保管工作。需在每次竞价结束后3个工作日内将竞价结果报物资部门备案。

第五节　典　型　案　例

案例一　物资需求典型案例

“×××供电公司燕子墩乡外西河中心村供电工程”为2017年2月下达的项目，以该项目所需的“交流盘形悬式瓷绝缘子”为例，对整个物资需求过程进行描述，具体流程如下。

企业发布年（月）度招标批次，明确各批次计划的招标时间，如××电网公司2017第一次配网材料设备协议库存招标采购（2917AB）协议库存计划在2017年2月上报，2017年4月开标，如图4-2所示。

**2017年2月采购计划批次申报安排表

序号	批次计划名称	计划截止	计划审查开始	拟定公告	拟定开标
一	“总部直接组织实施”物资类				
1	** 2017年办公用计算机协议库存第一次竞争性谈判采购（SG1742）	2017-02-09	2017-2-14	2017-02-23	2017-03-27
2	** 2017年第一次配网设备协议库存招标采购（2917AA）	2017-02-13	2017-2-14	2017-02-23	2017-04-17
3	** 2017年第一次配网材料协议库存招标采购（2917AB）	2017-02-13	2017-2-14	2017-02-23	2017-04-17
4	** 2017年第一次电能表（含用电信息采集）招标采购（SG1713）	2017-02-13	2017-2-21至2017-2-24	2017-03-02	2017-04-10
5	** 2017年电源项目第二次物资招标采购（SG1730）	2017-02-13	2017-2-21至2017-2-24	2017-03-02	2017-04-10
6	** 输变电项目2017年第二次变电设备（含电缆）招标采购（SG1703）	2017-02-20	2017-2-28至2017-3-3	2017-03-16	2017-04-24
7	** 输变电项目2017年第二次线路装置性材料招标采购（SG1704）	2017-02-20	2017-2-28至2017-3-3	2017-03-16	2017-04-24
二	“总部直接组织实施”服务类				
1	** 2017年管理咨询项目竞争性谈判采购（SG1754）	2017-02-09	2017-2-14	2017-02-23	2017-03-27
2	** 输变电项目2017年第二次设计、施工、监理招标采购（SG1746）	2017-02-09	2017-2-14	2017-02-23	2017-04-10
3	** 2017年电源项目第二次服务招标采购（SG1731）	2017-02-16	2017-2-21	2017-03-02	2017-04-10
三	“总部统一组织监控，省公司具体实施”服务类				
1	** 2017年第一次服务授权采购（291743）	2017-02-20	-	-	-

图4-2　物资采购计划批次申报安排表

2017 年 2 月，按照物资采购计划批次，根据近 3 年历史采购数据，并结合年度项目储备计划编制物资需求计划，按照物料品种编制协议库存采购需求计划，在 ERP 系统中创建采购申请。如预测 2017 年项目需求“交流盘形悬式瓷绝缘子”数量为 4000 片，如图 4－3 所示。

创建采购申请

创建采购申请

凭证概览打开 暂存 个人设置

协议库存物资采购计划（按 货源确定

抬头

缺省值

状	项目	A	I	物料	短文本	数量	Un	C	交货日期	物料组	工厂	库存地点	PGr	采购方式	招标批	期望供应商
	10			500122792	交流盘形悬式瓷绝缘子,U70	4,000	片	D	2017.06.30	交流盘形悬式	国网石嘴山供电		Z	18		

图 4－3 创建采购申请

2017 年 3—4 月，按照招标程序，组织物资招标，确定中标厂家，并完成合同签订，招标活动中标通知书如图 4－4 所示。

招标活动中标通知书

电器厂：

国家电网公司经依法招标，确定你公司为 电网 201_ 年第 次配网线路材料协议库存招标（招标编号：GWXY-NX-1602C）货物名称：绝缘子，包 05 下表所列事项采购货物中标人。

招标活动中标事项表

项目单位	项目名称	货物名称	单位	数量	中标价款（万元）	交货期
** 电力公司	/	交流盘形悬式瓷绝缘子,U40C/140,190,200	片	10000	20: 307428.	20 ** 15
** 电力公司	/	交流盘形悬式瓷绝缘子,U70B/146,255,320	片	2294		20 ** 15
** 电力公司	/	交流盘形悬式瓷绝缘子,U70B/146,255,320	片	4000		20 ** 15

请贵公司迅速登陆招标人招投标交易平台信息系统（http://ecp.sgcc.com.cn）完成电子合同确认签署，并请你公司在《中标通知书》发出之日 30 天内，携带所有签约所需的资料、证件分别与 **** 电力公司物资公司签订商务合同及技术协议；并根据招标文件规定的费率和方式，在收到《中标通知书》后由招标代理机构通知缴纳招标代理费。

特此函告。

图 4－4 招标活动中标通知书

2017 年 5 月，“×××供电公司燕子墩乡外西河中心村供电工程”已完成工程设计，依据设计结果，该项目需要“交流盘形悬式瓷绝缘子”116 片，项目建设部门在 ERP 系统中创建采购申请，并提交物资部门进行物资匹配，如图 4-5 所示。

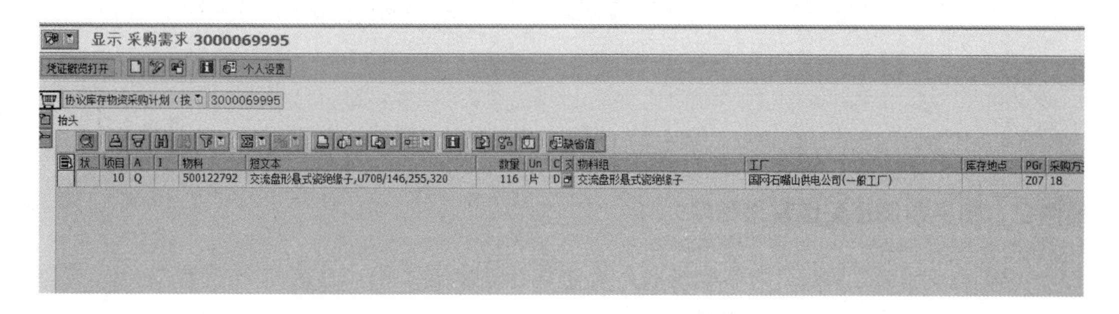

图 4-5 创建采购申请

2017 年 5 月，物资部门根据匹配结果，创建采购订单，如图 4-6 所示。

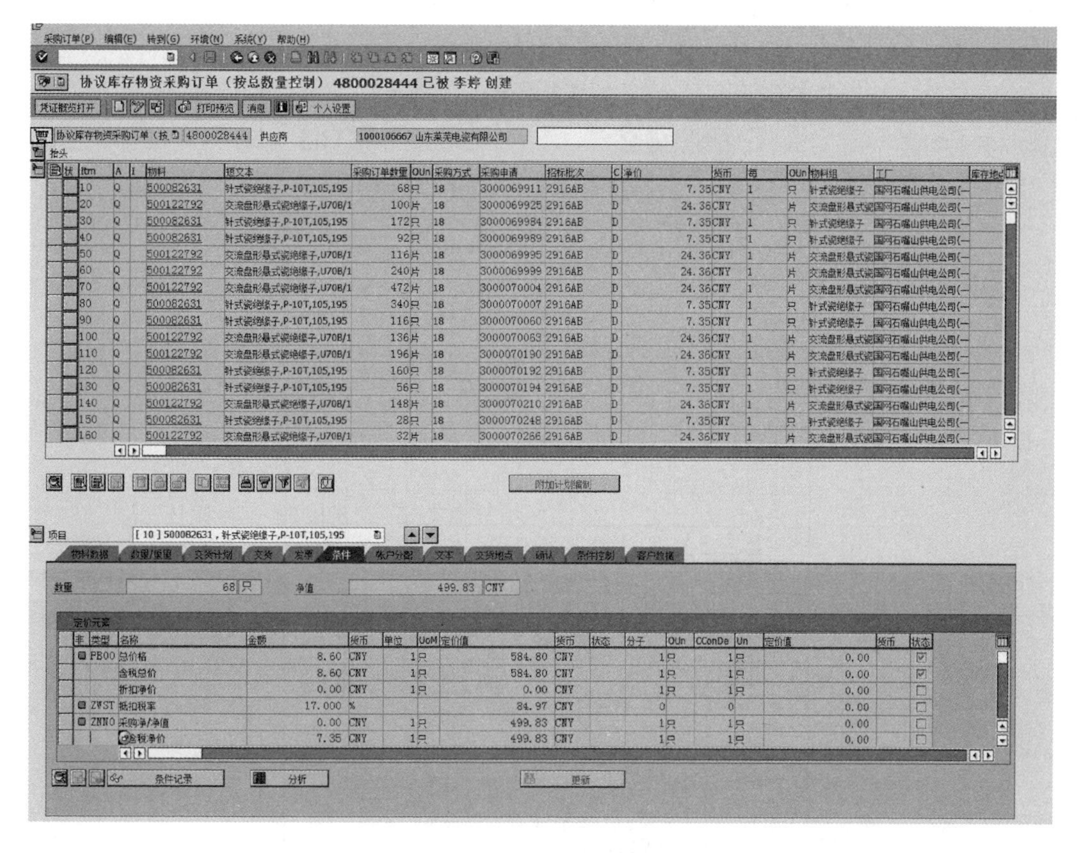

图 4-6 创建采购订单

2017 年 5 月，物资部门发货通知及时上传电子商务平台（图 4-7），通知供应商发货物资履约供货。

ERP传输协议库存采购订单至电子商务平台

[illegible]	协议库存编号（电子商务）	[illegible]	[illegible]	[illegible]	[illegible]	单项工程编号	单项工程名称	[illegible]	[illegible]	[illegible]	[illegible]	[illegible]
	NX2016000880	1000106667	国网石嘴山供电公司(一般工厂)	1829SZ1600GQ00A2000000	国网宁夏石嘴山供电公司燕子墩变514燕黄线10KV线路改造工程	1829SZ1600GQ00A0000000	国网宁夏石嘴山供电公司燕子墩变514燕黄线10KV线路改造工程	2904	6100001026	4800028444	170	300007030
	NX2016000880	1000106667	国网石嘴山供电公司(一般工厂)	1829SZ1600HS00A2000000	国网红果子供电公司红果子镇宝马中心村供电工程	1829SZ1600HS00A0000000	国网红果子供电公司红果子镇宝马中心村供电工程	2904	6100001026	4800028444	160	30000702
	NX2016000880	1000106667	国网石嘴山供电公司(一般工厂)	1829SZ1600HS00A2000000	国网红果子供电公司红果子镇宝马中心村供电工程	1829SZ1600HS00A0000000	国网红果子供电公司红果子镇宝马中心村供电工程	2904	6100001026	4800028444	150	30000702
	NX2016000880	1000106667	国网石嘴山供电公司(一般工厂)	1829SZ1600J000A2000000	国网红果子供电公司红果子镇五渠中心村供电工程	1829SZ1600J000A0000000	国网红果子供电公司红果子镇五渠中心村供电工程	2904	6100001026	4800028444	140	30000702
	NX2016000880	1000106667	国网石嘴山供电公司(一般工厂)	1829SZ1600J000A2000000	国网红果子供电公司红果子镇五渠中心村供电工程	1829SZ1600J000A0000000	国网红果子供电公司红果子镇五渠中心村供电工程	2904	6100001026	4800028444	130	30000701
	NX2016000880	1000106667	国网石嘴山供电公司(一般工厂)	1829SZ1600HR00A2000000	国网红果子供电公司尾闸乡和平中心村供电工程	1829SZ1600HR00A0000000	国网红果子供电公司尾闸乡和平中心村供电工程	2904	6100001026	4800028444	120	30000701
	NX2016000880	1000106667	国网石嘴山供电公司(一般工厂)	1829SZ1600HR00A2000000	国网红果子供电公司尾闸乡和平中心村供电工程	1829SZ1600HR00A0000000	国网红果子供电公司尾闸乡和平中心村供电工程	2904	6100001026	4800028444	110	30000701
	NX2016000880	1000106667	国网石嘴山供电公司(一般工厂)	1829SZ1600J100A2000000	国网红果子供电公司红果子镇上营子中心村供电工程	1829SZ1600J100A0000000	国网红果子供电公司红果子镇上营子中心村供电工程	2904	6100001026	4800028444	100	30000700
	NX2016000880	1000106667	国网石嘴山供电公司(一般工厂)	1829SZ1600J100A2000000	国网红果子供电公司红果子镇上营子中心村供电工程	1829SZ1600J100A0000000	国网红果子供电公司红果子镇上营子中心村供电工程	2904	6100001026	4800028444	90	30000700
	NX2016000880	1000106667	国网石嘴山供电公司(一般工厂)	1829SZ1600HQ00A2000000	国网红果子供电公司尾闸乡西河桥中心村供电工程	1829SZ1600HQ00A0000000	国网红果子供电公司尾闸乡西河桥中心村供电工程	2904	6100001026	4800028444	80	30000700
	NX2016000880	1000106667	国网石嘴山供电公司(一般工厂)	1829SZ1600HQ00A2000000	国网红果子供电公司尾闸乡西河桥中心村供电工程	1829SZ1600HQ00A0000000	国网红果子供电公司尾闸乡西河桥中心村供电工程	2904	6100001026	4800028444	70	30000700
	NX2016000880	1000106667	国网石嘴山供电公司(一般工厂)	1829SZ1600J200A2000000	国网红果子供电公司庙台乡李岗中心村供电工程	1829SZ1600J200A0000000	国网红果子供电公司庙台乡李岗中心村供电工程	2904	6100001026	4800028444	60	30000699
	NX2016000880	1000106667	国网石嘴山供电公司(一般工厂)	1829SZ1600H600A2000000	国网红果子供电公司燕子墩乡外西河中心村供电工程	1829SZ1600H600A0000000	国网红果子供电公司燕子墩乡外西河中心村供电工程	2904	6100001026	4800028444	50	30000699
	NX2016000880	1000106667	国网石嘴山供电公司(一般工厂)	1829SZ1600H600A2000000	国网红果子供电公司燕子墩乡外西河中心村供电工程	1829SZ1600H600A0000000	国网红果子供电公司燕子墩乡外西河中心村供电工程	2904	6100001026	4800028444	40	30000699
	NX2016000880	1000106667	国网石嘴山供电公司(一般工厂)	1829SZ1600J200A2000000	国网红果子供电公司庙台乡李岗中心村供电工程	1829SZ1600J200A0000000	国网红果子供电公司庙台乡李岗中心村供电工程	2904	6100001026	4800028444	30	30000699
	NX2016000880	1000106667	国网石嘴山供电公司(一般工厂)	1829SZ1600H500A2000000	国网红果子供电公司庙台乡通丰中心村供电工程	1829SZ1600H500A0000000	国网红果子供电公司庙台乡通丰中心村供电工程	2904	6100001026	4800028444	20	30000699
	NX2016000880	1000106667	国网石嘴山供电公司(一般工厂)	1829SZ1600H500A2000000	国网红果子供电公司庙台乡通丰中心村供电工程	1829SZ1600H500A0000000	国网红果子供电公司庙台乡通丰中心村供电工程	2904	6100001026	4800028444	10	30000699

图 4-7　电子商务平台

案例二　物资仓储及配送管理案例

2016 年 4 月，“××县供电公司红乐变新配出 10kV 线路及分支改造工程”中的“交流盘形悬式瓷绝缘子”到货，此物资入库及出库程序如下。

2017 年 4 月 19 日，供应商按照供应计划交货日期安排配送，货物送达现场后，物资部门、供应商、项目部门验收货物情况，经过验收后，填写货物交接单（图 4-8）、到货验收单（图 4-9）的相关信息。

货物交接单

货物交接单号：29480002209210024805　　采购订单号：4800022092

合同编号：	S002 **	供应商：	** [illegible]
项目单位：	**	项目名称：	** 供电公司红乐变新配出10kV线路及分支线路改造工程
供应商联系人/电话：	**	承运商联系人/电话：	**
收货联系人/电话：	**	交货地点	买方指定仓库地面交货

序号	物料描述	单位	合同数量	发货数量	交接数量	预计发货期	预计到货期	实际交货期
1	交流盘形悬式瓷绝缘子，U70B/146，255，320	片	190	190	190	2016-04-13	2016-04-27	4.19
2	交流盘形悬式瓷绝缘子，U70B/146，255，320	片	241	241	241	2016-04-13	2016-04-27	4.19
3	交流盘形悬式瓷绝缘子，U70B/146，255，320	片	24	24	24	2016-04-13	2016-04-27	4.19
4	交流盘形悬式瓷绝缘子，U70B/146，255，320	片	12	12	12	2016-04-13	2016-04-27	4.19
5	交流盘形悬式瓷绝缘子，U70B/146，255，320	片	60	60	60	2016-04-13	2016-04-27	4.19
6	交流盘形悬式瓷绝缘子，U70B/146，255，320	片	44	44	44	2016-04-13	2016-04-27	4.19
7	交流盘形悬式瓷绝缘子，U70B/146，255，320	片	192	192	192	2016-04-13	2016-04-27	4.19
8	交流盘形悬式瓷绝缘子，U70B/146，255，320	片	265	265	265	2016-04-13	2016-04-27	4.19
9	交流盘形悬式瓷绝缘子，U70B/146，255，320	片	267	267	267	2016-04-13	2016-04-27	4.19

备注

发货方：（签字/时间）　　收货方：（签字/时间）　　2016.4.19

说明：1. 货物交接单[illegible]
2. [illegible]

图 4-8　货物交接单

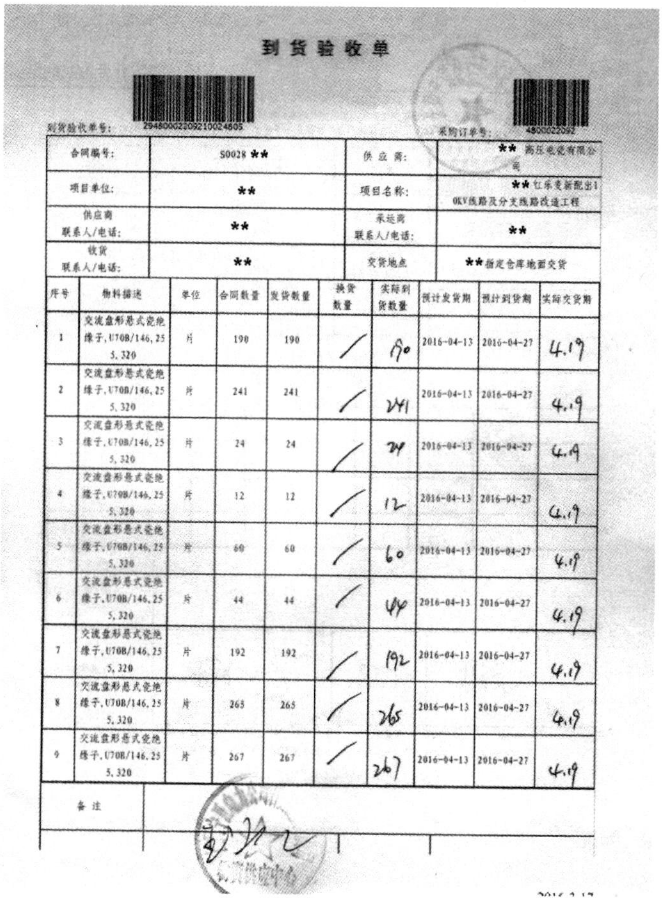

到货验收单

到货验收单号：2948000220921002480 5　　　采购订单号：4800022092

合同编号：	S0028 **	供应商：	** 高压电瓷有限公司
项目单位：	**	项目名称：	** 忙乐变新配出10KV线路及分支线路改造工程
供应商联系人/电话：	**	承运商联系人/电话：	**
收货联系人/电话：	**	交货地点	** 指定仓库地面交货

序号	物料描述	单位	合同数量	发货数量	换货数量	实际到货数量	预计发货期	预计到货期	实际交货期
1	交流盘形悬式瓷绝缘子,U70B/146,255,320	片	190	190	/	190	2016-04-13	2016-04-27	4.19
2	交流盘形悬式瓷绝缘子,U70B/146,255,320	片	241	241	/	241	2016-04-13	2016-04-27	4.19
3	交流盘形悬式瓷绝缘子,U70B/146,255,320	片	24	24	/	24	2016-04-13	2016-04-27	4.19
4	交流盘形悬式瓷绝缘子,U70B/146,255,320	片	12	12	/	12	2016-04-13	2016-04-27	4.19
5	交流盘形悬式瓷绝缘子,U70B/146,255,320	片	60	60	/	60	2016-04-13	2016-04-27	4.19
6	交流盘形悬式瓷绝缘子,U70B/146,255,320	片	44	44	/	44	2016-04-13	2016-04-27	4.19
7	交流盘形悬式瓷绝缘子,U70B/146,255,320	片	192	192	/	192	2016-04-13	2016-04-27	4.19
8	交流盘形悬式瓷绝缘子,U70B/146,255,320	片	265	265	/	265	2016-04-13	2016-04-27	4.19
9	交流盘形悬式瓷绝缘子,U70B/146,255,320	片	267	267	/	267	2016-04-13	2016-04-27	4.19
备注									

图 4-9　到货验收单

2017 年 4 月 19 日，物资部门根据货物交接单、到货验收单在 ERP 系统进行入库操作，如图 4-10 所示，并打印入库单。

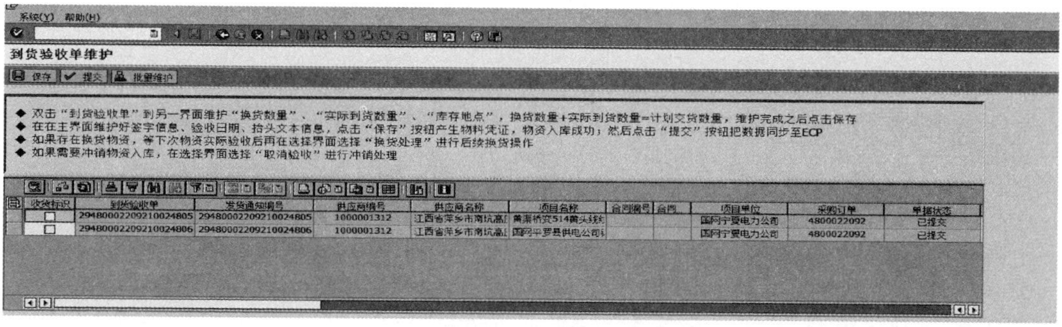

图 4-10　ERP 系统中的入库操作

2017 年 4 月 21 日，施工单位领料，物资部门进行系统发货，打印发货单据，如图 4-11所示。

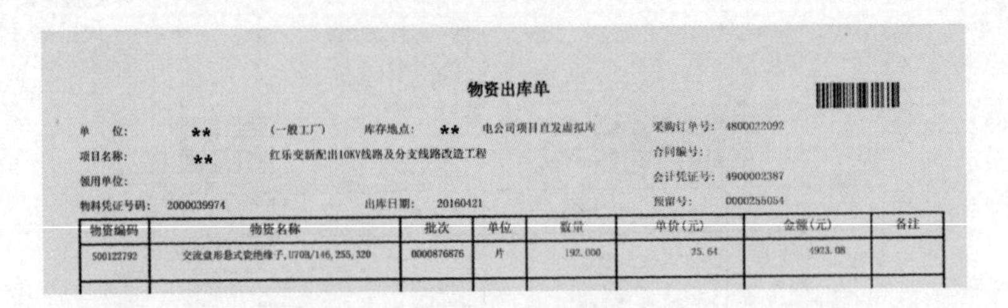

物资出库单

单 位: ** (一般工厂) 库存地点: ** 电公司项目直发虚拟库 采购订单号: 4800022092

项目名称: ** 红乐变新配出10KV线路及分支线路改造工程 合同编号:

领用单位: 会计凭证号: 4900002387

物料凭证号码: 2000039974 出库日期: 20160421 预留号: 0000255054

物资编码	物资名称	批次	单位	数量	单价(元)	金额(元)	备注
500122792	交流盘形悬式瓷绝缘子,U70B/146,255,320	0000876876	片	192.000	25.64	4923.08	

图 4-11 物资出库单

案例三 物资质量抽检典型案例

2016 年 7 月，××供电公司按照月度物资质量抽检计划，对某厂家的配电变压器进行质量抽检，经检测，该厂家的配电变压器油中出现氢、乙炔、介损超标的情况，物资部门联系厂家进行处理并再次送检。

物资部门与工程管理部门编制月度物资质量抽检计划（图 4-12），并委托有资质的检测部门进行质量检测。

** 公司物资质量抽检计划								
序号	抽检月份	实施抽检单位	采购申请号	供应商名称	工程项目名称	设备材料名称（下拉菜单选择）	电压等级（kV）（下拉菜单选择）	物料描述
1	2016年7月	**	3000069310	**********	***********农网台区公配变增容改造工程	配电变压器	10千伏	SBH15-M-315/10

图 4-12 物资质量抽检计划

2016 年 7 月 21 日，检测机构完成配电变压器的质量检测，并出具检定报告（图 4-13），抽检工作纪要（图 4-14）。经检测，该厂家的配电变压器油中氢、乙炔、介损超标。

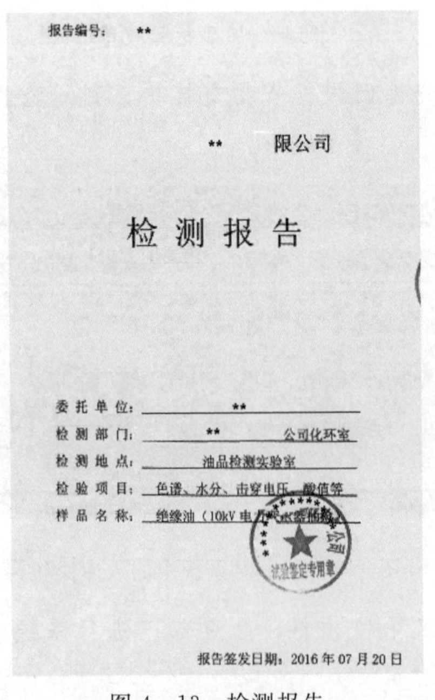

报告编号: **

** 限公司

检 测 报 告

委 托 单 位: **

检 测 部 门: ** 公司化环室

检 测 地 点: 油品检测实验室

检 验 项 目: 色谱、水分、击穿电压、酸值等

样 品 名 称: 绝缘油（10kV 电力变压器用）

报告签发日期: 2016 年 07 月 20 日

图 4-13 检测报告

抽检工作纪要

业主单位	** 供电公司	供应商	**
抽检产品名称	配电变压器	型号规格	SBH15-M-100/10 SBH15-M-315/10
抽检方式	送样抽检	抽检数量	3
工程项目名称	**	招标批次	2915AE
合同号	S003178291	出厂编号	/
抽检完成日期	2016.7.21	/	/
主要抽检内容（根据实际选择）	空载损耗和空载电流测量、短路阻抗和负载损耗测量、感应耐压试验、外施耐压试验、绝缘油试验、温升试验		
存在问题、定性及原因分析	油不合格		
处理措施（含制造厂整改措施）	对油进行滤油或换油处理		
业主方要求	对油进行滤油或换油处理		
厂方承诺	对油进行滤油或换油处理		
参会人员签字	业主方： 供应商：	抽检单位： 其他	

图 4－14　抽检工作纪要

整改通知单

** 有限公司：

为加强物资需求方与供应商的协同，共同保证电网设备材料质量，现将我单位在 2915AE 2016年7月21日（批次、时间等）抽检中发现的贵公司产品质量问题予以告知。供应商产品质量问题将作为今后评标参考依据，望贵公司高度重视，及时向相关业主单位反馈整改落实情况。

请贵公司收到函件后，及时转交给你公司负责人，并于7月24日前将回执的扫描件及整改报告以电子邮件形式发送至 ** 供电公司物资供应中心、**（单位、联系人）。

电子邮箱 ** ，联系电话： ** **

附录：1、产品质量问题明细表；

2、回执；

3、关于整改报告的有关要求。

单位（盖章）

2016 年 7 月 22 日

图 4－15　整改通知单

2016 年 7 月 24 日，物资部门组织对该变压器生产厂家供应商进行约谈。约谈结果，更换对该批次变压器油进行滤油或换油处理。物资部门给厂家出具整改通知单，如图 4-15 所示。

2016 年 7 月 27 日，该厂家对供应的全部变压器完成换油处理，物资部门再次委托检测机构进行复检，抽检联系单如图 4-16 所示。

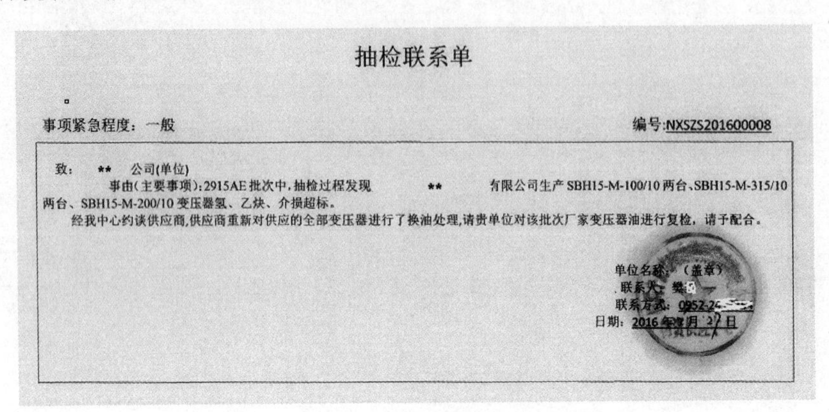

抽检联系单

事项紧急程度：一般　　　　编号:NXSZS201600008

致：　**　公司(单位)

事由(主要事项)：2915AE 批次中，抽检过程发现　**　有限公司生产 SBH15-M-100/10 两台、SBH15-M-315/10 两台、SBH15-M-200/10 变压器氢、乙炔、介损超标。

经我中心约谈供应商，供应商重新对供应的全部变压器进行了换油处理，请贵单位对该批次厂家变压器油进行复检，请予配合。

单位名称：（盖章）
联系人：
联系方式：0952-2
日期：2016 年 月 日

图 4-16　抽检联系单

2017 年 8 月 5 日，检测机构再次对送检变压器进行检测，检测结果合格，产品抽检报告如图 4-17 所示。

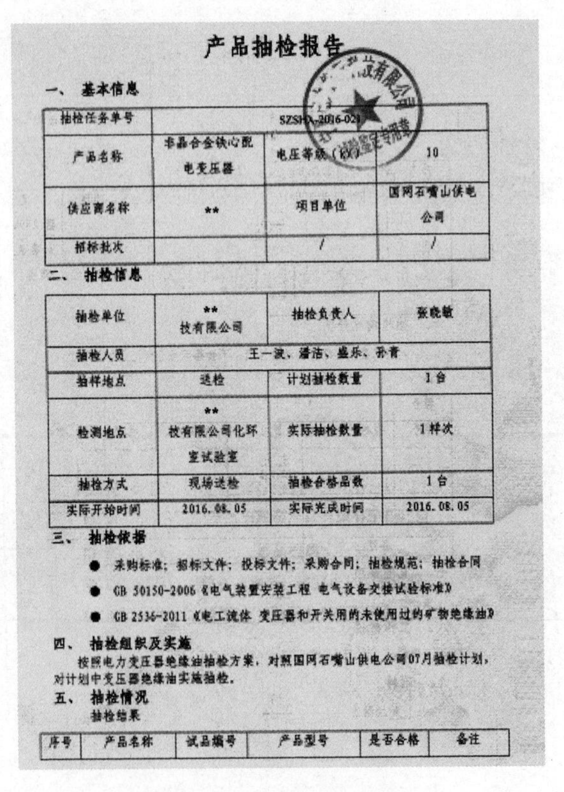

产品抽检报告

一、基本信息

抽检任务单号	SZSHX-2016-021		
产品名称	非晶合金铁心配电变压器	电压等级（kV）	10
供应商名称	**	项目单位	国网石嘴山供电公司
招标批次		/	/

二、抽检信息

抽检单位	**技有限公司	抽检负责人	张晓敏
抽检人员	王一波、潘洁、盛乐、孙青		
抽样地点	送检	计划抽检数量	1 台
检测地点	**技有限公司化环室试验室	实际抽检数量	1 样次
抽检方式	现场送检	抽检合格品数	1 台
实际开始时间	2016.08.05	实际完成时间	2016.08.05

三、抽检依据

- 采购标准；招标文件；投标文件；采购合同；抽检规范；抽检合同
- GB 50150-2006《电气装置安装工程 电气设备交接试验标准》
- GB 2536-2011《电工流体 变压器和开关用的未使用过的矿物绝缘油》

四、抽检组织及实施

按照电力变压器绝缘油抽检方案，对照国网石嘴山供电公司07月抽检计划，对计划中变压器绝缘油实施抽检。

五、抽检情况

抽检结果

序号	产品名称	试品编号	产品型号	是否合格	备注

图 4-17　产品抽检报告

案例四 废旧物资管理典型案例

"礼和变 513 礼和线 10kV 线路改造工程"为 2016 年 4 月下达计划，工程于 2016 年 5 月开工建设，2016 年 11 月完工。该工程涉及钢芯铝绞线、绝缘子、铁附件、金具等废旧物资的回收与处理。

2016 年 5 月 15 日，工程开工前，××县公司（建设部门）组织编制废旧物资拆旧回收计划表，见表 4-2。

表 4-2　废旧物资拆旧回收计划表

项目名称：礼和变 513 礼和线 10kV 线路改造工程				
项目文号：宁电发展〔2016〕377 号				
				2016 年 5 月 15 日
物资名称	规格型号	单位	计划回收数量	备注
F140200101	废旧钢芯铝绞线	t	4.5	
F140500001	废旧绝缘子	只	120	
F140600001	废旧铁附件	t	1.2	
F140700001	废旧金具	t	0.8	
项目管理部门		资产管理部门		物资部门：
编制人： 审核人：		审核人：		签收人：

说明：本表一式三份，物资、项目管理、资产管理部门各一份。

2016 年 11 月 20 日，工程竣工后，针对钢芯铝绞线、铁件等需报废的物资，××公司（项目建设部门）按照废旧物资回收计划回收项目拆旧物资，并提出技术鉴定申请，填写"报废物资申请单"，见表 4-3。

表 4-3　国网××公司报废物资申请单　2017 年 11 月 20 日

项目文号	宁电发展〔2016〕377 号		工程名称	礼和变 513 礼和线 10kV 线路改造工程
项目概况	礼和变 513 礼和线 10kV 线路改造工程，拆除废旧钢芯铝绞线 4.5t，废旧钢芯铝绞线 120 只，废旧铁附件 1.2t，废旧金具 0.8t，已无法再使用，申请报废			
主管领导意见	申报单位意见		项目主管部门意见	资产管理部门意见

说明：1. 本表一式四份，申报单位、项目管理部门、资产管理部门各一份。

2. 本表内容由申报单位根据项目实施情况，根据本办法相关规定填写申请。

2016 年 11 月 25 日，经财务、监察、运检等部门组成的废旧物资技术鉴定小组技术鉴定。经鉴定，物资具备报废条件，出具"废旧物资技术鉴定表"，见表 4-4。

表 4-4 国网××供电公司废旧物资技术鉴定表

<table>
<tr><td colspan="6">填报单位（盖章）：××供电公司</td><td colspan="5">交接时间：2016 年 11 月 25 日</td></tr>
<tr><td>序号</td><td>资产编号</td><td>废旧物资编码</td><td>废旧物资描述</td><td>规格型号</td><td>单位</td><td>数量</td><td>项目文号</td><td>报废原因</td><td>存放位置</td><td>备注</td></tr>
<tr><td>1</td><td>64404011004360900</td><td>F140200101</td><td>废旧钢芯铝绞线</td><td>LGJ-35</td><td>t</td><td>4.5</td><td>宁电发展〔2016〕377 号</td><td>损坏</td><td>建设西街周转库</td><td>报废</td></tr>
<tr><td>2</td><td>64404011004360901</td><td>F140500001</td><td>废旧绝缘子</td><td>P-15T</td><td>只</td><td>120</td><td>宁电发展〔2016〕377 号</td><td>损坏</td><td>建设西街周转库</td><td>报废</td></tr>
<tr><td>3</td><td>64404011004360928</td><td>F140600001</td><td>废旧铁附件</td><td></td><td>t</td><td>1.2</td><td>宁电发展〔2016〕377 号</td><td>损坏</td><td>建设西街周转库</td><td>报废</td></tr>
<tr><td>4</td><td>64404011004360356</td><td>F140700001</td><td>废旧金具</td><td></td><td>t</td><td>0.8</td><td>宁电发展〔2016〕377 号</td><td>损坏</td><td>建设西街周转库</td><td>报废</td></tr>
<tr><td colspan="11">相关部室鉴定意见</td></tr>
<tr><td colspan="2" rowspan="2">主管领导意见：</td><td colspan="2">财务资产部意见：</td><td colspan="3">监察部意见：</td><td>办公室意见：</td><td colspan="3">专业部门意见：</td></tr>
<tr><td colspan="2">签章：</td><td colspan="3">签章：</td><td>签章：</td><td colspan="3">签章：</td></tr>
<tr><td colspan="2">年 月 日</td><td colspan="2">年 月 日</td><td colspan="3">年 月 日</td><td>年 月 日</td><td colspan="3">年 月 日</td></tr>
</table>

2016 年 11 月 25 日，建设部门将鉴定报废的物资，移交至物资部门，填写“废旧物资交接单”，见表 4-5。

表 4-5 国网××供电公司废旧物资交接单

<table>
<tr><td colspan="6">移交单位（盖章）：××供电公司</td><td colspan="4">项目名称：礼和变 513 礼和线 10kV 线路改造工程</td></tr>
<tr><td colspan="6">交接地点：××供电公司建设西街周转库</td><td colspan="4">交接时间：2016 年 11 月 25 日</td></tr>
<tr><td>序号</td><td>废旧物资编码</td><td>废旧物资描述</td><td>规格型号</td><td>资产编号</td><td>计量单位</td><td>应交接数量</td><td>实际交接数</td><td>完整情况</td><td>备注</td></tr>
<tr><td>1</td><td>F140200101</td><td>废旧钢芯铝绞线</td><td>t</td><td>64404011004360900</td><td>t</td><td>4.5</td><td>4.5</td><td>导线有短股</td><td></td></tr>
<tr><td>2</td><td>F140500001</td><td>废旧绝缘子</td><td>只</td><td>64404011004360901</td><td>只</td><td>120</td><td>120</td><td>破损</td><td></td></tr>
<tr><td>3</td><td>F140600001</td><td>废旧铁附件</td><td>t</td><td>64404011004360928</td><td>t</td><td>1.2</td><td>1.2</td><td>锈蚀</td><td></td></tr>
<tr><td>4</td><td>F140700001</td><td>废旧金具</td><td>t</td><td>64404011004360356</td><td>t</td><td>0.8</td><td>0.8</td><td>锈蚀</td><td></td></tr>
<tr><td colspan="10">说明：固定资产需附审批后的报废手续</td></tr>
<tr><td colspan="7">移交人签字：</td><td colspan="3">接收人签字：</td></tr>
<tr><td colspan="7">日期：</td><td colspan="3">页码：</td></tr>
</table>

企业对废旧物资进行竞价处置，与中标商签订相关合同，向中标商移交废旧物资。对技术鉴定为报废的物资，办理资产报废手续，在 ERP 系统中将相应资产卡片进行报废。

第五章 施 工 管 理

第一节 总 体 原 则

施工管理是农村电网改造升级工程管理的重要环节，其承上启下，具体承担着工程项目按时落地，起着建设目标如期实现的作用。农村电网改造升级项目建设施工应按照“统一管理、分级负责、强化监管、提高效益”的原则，实行各级政府主管部门指导、监督，省级电力公司作为项目法人全面负责的管理体制。农村电网升级改造工程的建设行为应当符合国家法律、法规、规章和市场准则，严格执行项目法人制、招投标制、资本金制、工程监理和合同管理制。并明确总体规划、年度计划、项目实施、项目调整变更等各环节的程序和要求，提高项目管理水平，提高中央预算资金使用效益。

农村电网改造升级工程施工管理具有资金密集、技术密集、资源密集、专业众多、交叉施工等特点，同时还受工程设计、物资供应、自然条件及施工外部环境因素的影响，面临时间紧、任务重、属地协调困难等棘手问题。合理地计划、组织、协调、控制和管理好农村电网工程项目建设施工中方方面面的工作，就需要明确农村电网工程施工管理过程的工作流程，因地制宜地制定可行的对策和措施，对工程顺利施工起着关键作用。农村电网改造升级工程的质量管理实行项目法人责任制、参建单位法定代表人责任制和质量终身制。

第二节 施 工 组 织

建立健全施工组织是保证施工管理的基础，施工队伍的确定是关键所在，是工作的前提，其招标流程必须认真按照国家法律法规和行业规定执行。业主单位根据里程碑计划督促中标施工单位开展相应工作，成立施工组织，并对中标农村电网工程项目进行安全技术交底，对施工队伍的人员进行分工，按照施工流程组织施工，如施工队伍不能满足施工要求时，建设单位应及时根据国家相关法律、按照施工合同对工程进行劳务分包或变更施工队伍。

一、依法确定中标施工单位

农村电网工程项目批次下达或组织实施时，省公司项目管理单位或投资方组织委托招标代理公司同步对施工、设计等服务面向全社会进行公开招标。审核并确定合格工程承包方的资质和条件；合理确定工程承发包单位。招标结果公布后，根据国家规定签订合同，建设单位和中标施工单位履行法律流程。确定中标施工单位后，双方在签订工程合同时，同步应签订安全协议，明确安全目标、双方安全文明施工权利和义务、安全考核标准等内容。

二、复审中标施工单位资质条件

（1）中标施工单位必须拥有合法、合格的营业执照和法人资格证书；具有政府建设主管部门和电力监管部门颁发的资质证书、安全生产许可证等业务资质；以及近三年的企业安全生产无责任性事故情况的证明材料。

（2）施工单位负责人、项目经理、现场负责人、技术人员、安全员必须持有国家合法部门颁发的有效施工资格证件。施工前，对参与作业人员进行安全生产规程培训，参加施工人员必须全部经培训并考试合格方可进入作业现场，进行施工作业。

（3）必须具备相应的施工机械和工器具、安全用具及安全防护设施，且能够满足施工中的安全作业要求。

（4）具有两级机构的中标施工单位应设有专职安全管理机构；施工队伍超过30人的必须配备相应人数的专职安全员，30人以下的应设有兼职安全员。

三、审核分包商资质条件

中标施工单位确因工程分散、用人过多等因素需要劳务分包的，在工程分包项目开工前审核分包商资质条件，需纳入招标管理，规范签订分包合同，分包合同应明确工程分包性质（专业分包或劳务分包）；签订合同的同时，双方必须按照国家法律、法规签订分包安全协议，并报建设单位和监理单位备案。

（1）审核分包商资质是否符合国家建筑企业资质管理规定的相关要求。

（2）审核分包商的施工安全、质量管理体系是否健全；施工管理人员和技术人员具有工程业绩是否符合要求；作业人员是否保持相对稳定且符合工程要求。

（3）审核分包商是否具备近三年内所承包的工程未发生四级及以上安全、质量事故（件），近一年内未发生五级及以上安全、质量事故（件），未发生分包方面的违法违规事件的条件。

（4）审核分包商是否具有良好的财务状况、商业信誉和履约能力；是否发生过不良生产、违法经营迹象。

（5）审核分包商是否有过被责令停业、投标资格被取消、资产被接管、冻结或破产状态，安全生产许可证未被暂扣、未涉及重大诉讼等状况。

（6）审核分包商是否有过被政府及监管部门通报或认定不具备相关资格状态。

四、施工监理工作要求

中标监理单位对施工单位的行为进行全面的监督管理，是最基本的约束和管理手段。施工全过程中，监理同步管理，其目的是更有效地发挥监理的规划、控制、协调作用，为在计划目标内完成农村电网建设任务提供最好的管理和服务。

（1）监理项目部设置要求。中标监理单位根据工程项目年度批次和工程规模，组建监理项目部。设置工程管控和安全组织，建议每项目批次批复资金在2000万元以内的项目部管理人员不少于3人，配备具备专业资格的总监理工程师、专业监理工程师以及监理员。通过审查、见证、旁站、巡视、平行检验、验收等方式方法，实现监理合同约定的各项目标。编制安全质量监理工作方案，组织安全教育培训，审查施工项目部报审的施工安全管理及风险控制方案，审查施工队伍资质及人员的安全资格文件，负责施工机械、工器具、安全防护用品（用具）的进场审查，对工程关键部位、危险作业等进行旁站监理，负责安全监理工作资料的收集和整理并督促施工项目部及时整理安全管理资料。

（2）专业管理要求。明确监理项目部项目中“项目管理、安全管理、质量管理、造价管理、技术管理”五个专业的管理工作内容与方法、管理流程和管理依据。

五、施工组织职能责任

（一）项目部组建与职责

施工队伍确定后，省、市、县企业（公司）要成立施工组织，依法成立业主、施工、监理项目部，对应管理各自农村电网工程项目，按照里程碑计划有序实施。

1. 业主项目部

业主项目部以县级供电公司（或相同层级机构）为单位，根据项目批次为管理对象设置。业主项目部是由业主派驻工程建设现场，代表业主履行项目建设过程管理职责管理组织机构。业主项目部工作实行项目经理负责制，通过计划、组织、协调、监督、评价等管理手段，推动工程建设按计划实施，实现工程安全、质量、进度、造价和技术等各项建设目标。设置工程管控和安全组织等专业负责人。负责工程项目现场安全综合管理和组织协调，组织监理、施工项目部落实相应的安全职责，建立项目安全管理台账；负责对设计单位和施工项目部、监理项目部进行安全管理工作考核与评价。

2. 施工项目部

中标施工单位根据工程项目年度批次，设置工程管控和安全管理人员，建议每项目批次批复资金在3000万元以内的项目部管理人员不少于5人，设有项目经理、安全管理专责、现场管理专责、资料专责等专业人员，并明确工作目标和职责，负责工程项目施工安全管理工作、施工结算和工程资料的同步整理、收集；并配备齐全的办公用具和现场管控器具，满足现场管控人员的工作需求。施工项目部经理是工程项目施工管理的第一责任人，总体负责安全管理和劳务分包管理，负责里程碑计划的细化和“三措一案”（组织措施、技术措施、安全措施，施工方案）的制定，科学分解施工任务和优化施工力量，重点做好工艺质量的管控，施工结算和工程资料的同步整理、收集。

3. 监理项目部

明确监理项目部的定位、组建原则、人员配置、任职资格及条件、设备配置及要求；明确监理项目部工作职责及各岗位职责，以及监理项目部重点工作与关键管控节点。

（二）项目部组织关系

（1）施工项目部是指中标施工单位（项目承包人）按所承包的工程项目范围内建立的工程施工管理单元，是作为派出机构负责组织工程施工的项目管理组织机构，承担项目实施任务和施工安全责任。

（2）施工项目部与业主项目部之间是代为履行合同关系，依据施工承包合同履行双方的权利和义务，接受业主项目部的指导、监督和考核。

（3）施工项目部与监理项目部之间是被监理与监理的关系，依据有关要求，在工程实施中接受监理项目部的“四控制二管理一协调”管理。项目管理模式如图5-1所示。

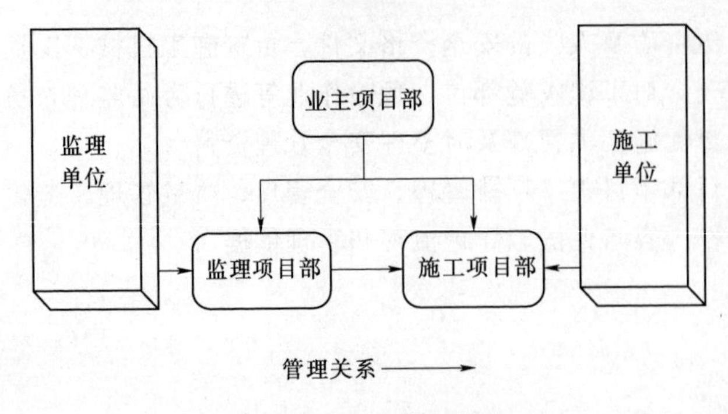

图 5-1 项目管理模式

六、安全技术交底

工程开工前，建设单位（业主项目部）必须会同中标设计单位对中标施工单位项目经理、现场负责人、技术员和安全员进行全面安全技术交底，并应有完整的且能够查阅的资料或记录。

承包单位要认真学习研究设计图纸，了解设计意图，遇有不同意见或不明白之处时，应及时询问建设单位（业主项目部）、设计单位，并做出必要的沟通说明，直到完全理解设计图纸为止，并做好以下工作：

(1) 检查施工设计图中有无不合理或发生差错、有异议的地方；如有不同意见的地方应向业主单位（发包方）、设计单位提出，让业主单位（发包方）、设计单位给予解并最终决定是否修改。

(2) 查看设计图中有无因设计人员不了解当地天气气候和地形地貌、民俗风情等实际情况，使设计偏于理论性且会给实际施工带来实际困难的。

(3) 如设计单位为外委设计单位设计，则要仔细检查设计图纸中有无违反本地区的规划政策的情况。

七、施工物资准备

农村电网改造升级工程项目物资是在省公司物资平台和协议库存、超市化中，由业主项目单位统一提报。中标施工单位应根据自己承担工程的实际情况，对照工程项目单体材料表，向公司运维部所属仓库（农村电网物资专库）领取。中标施工单位应对进场的变压器、JP 柜等设备和绝缘线、电缆、各种金具查验出厂证明、检验报告、合格证明等资料，严禁不合格的物资投入使用，对外观质量有问题的应责令厂家进行更换；确有疑问的物资，可以采取抽验和破坏性试验。物资配备齐全到位是保证整个工程的顺利实施的关键。

八、线路走廊及设备占地

农村电网建设线路走廊及设备用地与征地、进场施工相互关联，密不可分。依据相关法律规定和政府规划，电力设施建设属于公共服务范畴，是关乎公共利益的大事情。做好线路走廊及设备占地征地工作，属地单位和个人都应依法开展工作，占地及进场的补偿标准执行当地政府物价部门的指导价格，属地单位（村委）和个人必须依法定程序办事，并履行相应的义务。

九、施工队伍职责分工

中标施工单位根据施工任务（工程量），由施工项目部开始组织施工，施工单元按照施工任务（工程量）大小，合理调配相关人员力量，并在规定时间内，保质保量地完成农村电网升级改造分部分项任务。施工前，施工队伍（施工单元）必须明确参加施工人员的职责和工作标准。

十、组织施工

建设单位（业主项目部）和监理方、施工方同步实施农村电网升级改造工程，各负其责，按照流程，制定明确的施工方案和里程碑计划分解工作内容，围绕量、质、期目标要求，因地制宜开展工作。期间做好施工闭环管理，科学施工、文明施工、安全施工。全过程工作流程如图5-2所示。

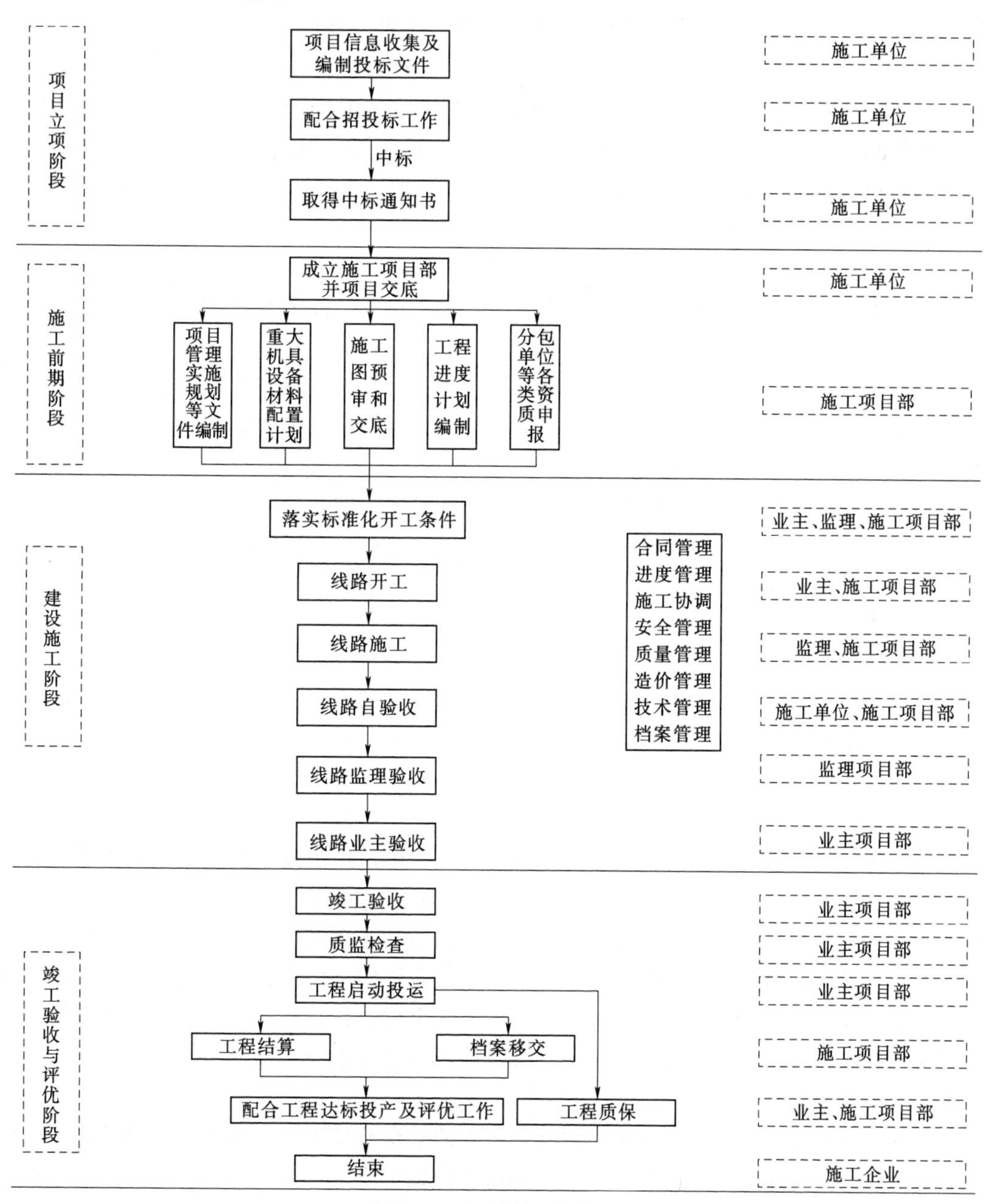

图5-2　全过程工作流程

十一、变更施工队伍

劳务分包施工单位如果无法履行业主单位要求，不能保质、保量、按进度计划开展施工时，中标施工单位、监理单位应及时向建设单位（业主项目部）报告，提出变更分包施工队伍的说明。中标施工单位可根据合同解聘原有施工队伍，重新依据招标相关规定招标劳务分包施工队伍。

第三节 安 全 管 理

农村电网工程施工过程一直是电网企业安全风险高发时期。人员、物资、环境成为安全管理的重点。其中人的不安全因素最为突出，不执行安全规程、违反操作流程；图省事，怕麻烦的行为依然存在；违章指挥、违章施工、野蛮施工常有发生；引发的倒杆、断线、触电、高空坠落事件还占一定比例。

为保障施工安全，必须加强安全管理。常态开展安全督查、安全检查和事故预想，倡导遵章守纪，有令则行，有禁则止的工作思路。明确业主、施工方、监理方的安全管理责任，认真贯彻“安全第一、预防为主、综合治理”安全生产方针，落实《安全生产法》《建设工程安全生产管理条例》《电力建设工程施工安全监督管理办法》等法律法规。

各级人员应加强现场安全管理，规范作业行为。参建人员绝对服从安全管理，学好电力安全规程知识，掌握安全生产技能，从思想上、行动上、作风上、技能上执行安全规定。消除人的不安全因素，保证人身安全，在作业过程中做到“四不伤害”（不伤害自己、不伤害别人、不被别人伤害、不看着别人受伤害），确保农村电网升级改造工程中安全管理到位、到岗、到人，提高安全管理水平。

一、安全管理职责分工

加强城农村电网建设与改造工程安全管理，落实建设单位（业主）、监理方、施工方安全责任，保证电网建设与改造工程安全和从业人员安全健康。

1. 业主项目部

业主项目部负责工程项目现场安全综合管理和组织协调，组织监理、施工项目部落实相应的安全职责，组织实施工程项目安全考核奖惩措施；组织安全检查活动，灵活采用飞检、抽检、同步检查等手段，抓好安全风险预警管控和安全隐患闭环整改；负责对施工、监理项目部进行安全管理工作考核与评价；建立完善安全管理台账（包括但不限于）：安全法律、法规、标准、制度等有效文件清单；施工合同安全协议；安全质量管理总体策划方案；项目应急处置方案；安全管理文件收发、安全例会记录；监理、施工报审文件及审查记录；项目安全检查及整改情况记录；参建项目部安全考核奖励处罚记录。

2. 监理项目部

监理项目部的安全职责：负责工程项目施工的安全监理工作；编制安全质量监理工作方案；组织安全教育培训；审查施工项目部报审的施工安全管理及风险控制方案；审查施工队伍资质及人员的安全资格文件；负责施工机械、工器具、安全防护用品（用具）的进场审查；对工程关键部位、危险作业等进行旁站监理；负责监督检查施工单位安全风险预警管控和安全隐患闭环整改情况；负责安全监理工作资料的收集和整理并督促施工项目部及时整理安全管理资料；安全管理台账（包括但不限于）：安全法律、法规、标准、制度等有效文件清单；安全质量监理工作方案；安全管理文件收发、会议记录；施工报审文件及审查记录；分包审查记录；安全检查、签证记录及整改闭环资料；安全旁站记录；监理通知单及回复单，工程暂停令、复工令。

3. 施工项目部

负责工程项目施工安全管理工作；编制施工安全管理及风险控制方案；组织开展安全教育培训，开展各类安全检查，定期召开安全例会；开展施工安全风险识别管控和安全隐患排查整改工作；负责施工队安全工器具检查试验工作；落实分包现场安全管控工作；负责应用信息化手段开展现场安全管控工作；参与编制和执行各类现场应急处置方案；做好安全管理台账（包括但不限于）：安全法律、法规、标准、制度等有效文件清单；安全管理文件收发、安全例会、学习考试记录；安全检查记录及整改单；施工方案、工作票及安全技术措施交底记录；施工人员花名册与特种作业人员证件；登高作业人员体检表；分包商资质、分包合同及安全协议；安全工器具、施工装备台账及检查试验记录；现场应急处置方案及演练记录；安全奖惩登记台账。

二、业主方的安全管理

（1）建设单位（业主项目部）按工程项目批次制定《安全质量管理总体策划方案》，由业主项目部经理审核、项目建设管理单位分管领导或总工程师批准，并报上级主管部门备案。

（2）负责工程项目安全综合管理和组织协调，督促监理、施工项目部落实相应安全职责。常态化开展安全质量检查，对检查发现的问题应形成闭环管理、有据可查。监督施工单位安全措施费的使用。

（3）审批施工项目部的《施工安全管理及风险控制方案》、监理项目部的《安全质量监理工作方案》并监督执行。

（4）审批施工项目部提出的工程分包计划及分包申请，分包单位资质应符合国家、行业相关要求，不得超越资质范围承揽工程，应同时签订分包合同和安全协议，监督施工项目部贯彻落实分包管理要求。

（5）坚持“月计划、周安排、日管控”工作要求，实行作业（施工）计划报备制度，严格计划刚性执行。业主项目部要建立工程项目安全管理月、周、日例会制度，督促施工项目部每日报送作业进度和作业计划。月度例会应形成纪要，周例会应有记录。业主、监理、施工项目部月、周、日例会可合并召开，也可分别召开。

（6）加强施工现场全过程安全管控。实行安全质量监督员制度，每个作业（施工）现场都应由业主单位应指派一名安全质量监督员，对现场安全、质量、技术进行动态跟踪监督和把关。狠抓“两票”执行，认真落实“三防十要”，抓好安全交底、安全措施布置、作业过程监护等环节。

（7）抓好工程质量管理。严格遵守国家工程质量相关法律法规，实行工程质量责任终身制。要把施工设计作为做好工程管理的基础，严格施工工艺和施工标准，充分发挥监理作用，规范隐蔽工程交接试验、竣工验收质量管控，严格工序验收把关。

（8）推广应用工程现场安全管控系统，配网工程施工相关单位、班组实现系统全覆盖。加强系统分析评价考核工作，对施工队伍管理、现场勘察、施工方案、“两票”管理、作业现场安全措施等情况定期分析评价、考核。

三、监理方的安全管理

（1）依据监理合同及业主项目部制定的《安全质量管理总体策划方案》，编制工程项目《安全质量监理工作方案》，在完成内部审核流程后，报业主项目部审核批准后执行。

（2）审查施工项目部编制的《施工安全管理及风险控制方案》及《单项工程组织安全技术措施方案》；审查施工项目部提出的施工分包计划及分包申请，监督施工项目部贯彻落实分包管理要求。审查工程开工条件，签发批次项目开工令及单项工程开工令。根据安全质量监理情况，签发停工令、复工令。

（3）履行监理合同中的安全质量监理职责，根据施工进度开展文件审查、安全检查签证、旁站监理及巡视。每一个单项工程开、竣工及立杆、放线、配变台架组立等关键施工节点，监理人员必须100%到位。到位情况应记入监理日志，有据可查。

（4）组织设备材料进场验收及隐蔽工程中间验收，并与业主项目部共同签署验收记录；对电杆埋深及接地体、底盘、卡盘、拉盘埋设等隐蔽工程情况，应有数码照片存档；严格执行施工工艺和施工标准，重点监督导线接头连接、压接焊接、电缆头制作、接地环装设等工序。

四、施工方的安全管理

（1）负责以施工合同明确的施工任务为对象、以业主项目部《安全质量管理总体策划方案》为依据，制定工程项目《施工安全管理及风险控制方案》，报监理项目部审核、业主项目部批准后执行。

（2）以单体工程为对象，逐项编制《单体工程组织安全技术措施方案》，在完成内部审核的基础上，报监理项目部审核批准。施工项目部只有取得批次项目开工令及单体工程开工令后，才能组织现场施工。全体作业人员应参加施工方案交底，并按规定在交底书上签字确认。

（3）工程施工如需劳务分包，施工项目部必须提出施工分包计划及分包申请，报监理项目部审核、业主项目部批准。严格落实公司分包管理具体要求，对分包工程，施工项目部管理人员必须与分包单位施工人员“同进同出”。

（4）施工项目部是施工安全的责任主体。在施工合同中所列工程的施工项目，所有工作票、安全施工作业票均应以施工项目部名义办理，应实行设备运维单位和施工单位“双签发”。劳务分包作业的工作负责人应由劳务发包单位人员担任，劳务分包单位人员不得担任工作票签发人、工作负责人。

（5）施工项目部每周至少组织一次安全检查，检查分为例行检查、专项检查、随机检查、安全巡查等方式，对检查发现的问题应形成闭环管理、有据可查。可适当与业主项目部组织的安全检查相结合。

（6）施工项目部每个独立作业面应配备至少1名“同进同出”安全管理人员，应确保配备的“同进同出”管理人员数量满足所有作业项目同时工作的要求。施工项目部“同进同出”人员必须全过程，全时段在施工现场监督检查。

（7）开工前重点检查现场勘察记录、单项工程施工方案、工作票、施工图纸，确认工作票填写无误，邻近带电设备安全距离满足工作要求，现场停电、装设接地线、安装遮拦和标示牌、临时拉线等安全措施执行到位。

（8）施工中重点检查杆根、拉线、施工机具、施工工艺及施工质量等，确保电杆底盘、卡盘安装、电杆夯实、接地体埋深、焊接工艺、导线弧垂、导线绑扎、接头压接等满足工艺规范要求。工作终结前做好验收工作，清理现场，确认施工人员已离场，临时接地等施工保护措施已拆除，具备送电条件后才能恢复送电。

五、现场安全管理与控制

中标施工单位认真执行农村电网建设里程碑计划，有序开展施工作业，规范现场施工人员作业行为，严格履行施工合同约定内容，加强现场安全管理，实现安全管理“可控能控”。

（一）作业计划

（1）作业计划编制：中标施工单位严格执行建设单位里程碑计划管理，避免计划遗漏、重复停电、时期不当、计划冗余，做到必要、全面、可行、合理，避免给国家带来人力、物力、财力上的浪费。

（2）作业计划管控：将施工作业计划全部纳入月、周、日生产作业计划，组织相关人员定期召开运行方式分析会、生产计划协调会和停电计划平衡会，综合安全生产承载力分析结果，研究制订月、周、日生产作业计划，经分管生产领导批准后严格执行；施工过程中，任何人不得擅自更改作业计划和增减作业内容。

（3）作业计划下达：下达的施工作业计划中应明确作业任务、时间、人员、地点以及主要风险，制定相应的防范措施和预案，并在网上对社会公布；现场实施主要风险包括：电气误操作、继电保护“三误”、触电、高空坠落、机械伤害等风险。

（4）严格执行安全规程，严格现场安全监督，不走错间隔，不误登杆塔，不擅自扩大工作范围。全部工作完毕后，应及时拆除临时接地线、个人保安接地线，恢复工作许可前设备状态。

（5）根据具体工作任务和风险度高低，相关生产现场领导干部和管理人员到岗到位。

（二）作业组织

（1）承载力分析：建设单位及中标施工单位应综合“三种人”、到岗到位人员等关键人员管控能力，施工单位作业班人员数量、精神状态、风险辨识及防控能力，设备材料、备品备件、工器具、交通工具等保障能力，以及气象条件、现场环境等特殊因素，研究确定安全生产承载能力红线。在红线范围内，安排每个班组同时开工的作业现场数量不得超过工作负责人数量。

（2）风险预警：建设单位及中标施工单位应在里程碑计划安排、前期勘查、作业组织、现场实施等各个环节，动态开展触电、高坠、倒杆断线、机械伤害等人身安全风险识别，有针对性地制定管控措施，组织工作负责人、中标施工单位作业班人员（含外协人员）、相关管理人员进行详细交底。建立安全预警机制，加强对生产过程风险预控。

（3）现场勘察：按规定开展现场勘察，填写现场勘察单，明确需要停电的范围、保留的带电部位、作业现场的条件、环境及其他作业风险。

（4）方案制定：根据现场勘察情况组织制定施工“三措一案”（安全措施、组织措施、技术措施、施工方案）、现场作业指导书，“三措一案”、作业指导书有针对性和可操作性。

（5）风险管控：农村电网工程任务安排要严格执行落实月、周工作计划，系统思考人、材、物的调配，综合分析时间与进度、质量、安全的关系，合理布置日工作任务，保证工作顺利完成。工作前，要开展班组承载力分析，合理安排作业力量。工作负责人必须能胜任工作任务，作业人员技能满足工作需要，管理人员到岗到位。组织协调停电手续办理，落实动态风险预警措施，做好外协单位或需要其他配合单位的联系工作。

（6）组织方案交底，组织工作负责人等关键人、作业人员（含外协人员）、相关管理人员进行交底、明确工作任务、作业范围、安全措施、技术措施、组织措施、作业风险及管控措施。

（7）资源调配：准备必要的设备材料、备品备件、车辆、机械、作业机具以及安全工器具等，满足现场工作需要。

（三）现场风险管控

（1）工程开工前，组织开展危险源识别、现场安全评价工作，围绕“老虎口”、关键点制订预控措施。

（2）在农村电网工程施工方案中，根据电压等级、交叉跨越情况，施工地形等情况，制订施工工艺、技术方法等相应的安全措施。

（3）通过安全交底，向施工项目部全体人员交待清楚本工程项目存在的主要安全风险及采取的预控措施。

（4）在工程开工前的安全教育培训及考试中，应有针对本工程制订的危险因素控制措施内容逐一进行问考。

（5）在农村电网工程建设过程中，根据工程进度情况，及时更新设立于施工现场的危险源及预控措施警示牌。

（6）起重机械风险管理应严格执行国家、行业关于起重机械安全监督管理办法规定和电力建设起重机械安全管理重点措施（试行）要求。

（7）在施工过程中，通过施工单元（班组）每天安全检查、各级安全生产管理人员日常安全巡查、项目部每月例行安全检查、项目部专项安全检查、参加上级安全检查活动，检查施工过程中危险源辨识、风险控制措施落实情况，及时纠正错误。

（8）涉及停带电施工（含改造施工）、进入运行变电站工作的作业项目必须严格履行工作票制度。工作负责人、工作票签发人必须具有上岗资格。

（9）对以下重点工序及作业内容应作为重点加以管控：

1）农村电网施工包括：各工序首件试点，特殊地质地貌条件下施工，人工掏挖深孔基础施工，1kV及以上线路带电施工，临近高压带电体施工，跨越施工（跨越江河、公路等）等。

2）采用新施工机具设备、新技术、新工艺、新材料的施工作业（含试验阶段）。

做好针对重点工序及作业内容的事前分析和预控工作，进行现场实际勘察，完善安全技术措施文件，前期工作（包括作业指导文件、人员、培训、交底、施工机械、工器具、应急等）做到完备。作业前，上报施工单位、监理和业主项目部审查。

（四）现场风险管控作业人员的安全职责

1. 工作负责人的安全职责

工作负责人负责农村电网工程项目施工安全管理工作，是落实施工现场安全管理职责的第一责任人。负责建立健全施工安全管理机构，按规定配备专职安全管理人员，或合格的兼职安全管理人员；履行施工合同中及安全协议中承诺的安全责任，对所辖工作范围内的人身安全和设备安全负直接责任。

2. 安全员的安全职责

安全员积极协助生产单位负责人全面负责施工过程中的安全文明施工和管理工作，确保施工过程中的安全。认真贯彻执行上级和公司颁发的规章制度、安全文明施工规程规范，结合项目特点制订安全健康环境管理制度，并监督施工现场落实和指导。负责施工人员的安全教育和上岗培训，参加总工组织的安全交底。参与有关安全技术措施等实施文件编制，审查安全技术措施落实情况。监督、检查施工场所的安全文明施工情况，组织召开安全专业工作例会，总结安全工作。

3. 技术员的安全职责

技术员认真贯彻执行有关安全技术管理规定，积极协助生产单位负责人或项目总工做好各项安全技术管理工作。编写施工项目各工序施工作业指导书、安全技术措施等技术文件；并在施工过程中负责落实有关要求和技术指导。在工程施工过程中随时进行检查和安全技术指导，当存在问题或隐患时，提出技术解决和防范措施。负责组织施工队伍做好项目施工过程中的施工记录和签证。

4. 班组长的安全职责

班组长是本班组的安全第一责任人，对本班组人员在生产作业过程中的安全和健康负责；对所辖施工现场的安全生产负责。监督工作负责人做好每项施工任务、开工前的技术交底和安全措施交底等工作，并做好记录。对全体工作人员进行经常性的安全思想教育；协助做好岗位安全技术培训，新入厂工人、变换工种人员的安全教育培训；积极组织班组人员参加急救培训，做到人人能进行现场急救。

5. 工作班成员员的安全职责

（1）认真执行国家安全规程、规定，做到“四不伤害”：不伤害自己、不伤害别人、不被别人伤害，不看着别人受伤害。

（2）接受工作负责人和班组长的工作安排，不违章作业。

（3）严格按照规定，正确使用相关安全工器具和劳动防护用品。

第四节　工　艺　质　量

质量建设，百年大计。保证农村电网升级改造的工艺质量，不仅可以提高电网的安全可靠性，减少停电事故和低电压问题，更能让百姓亲身感受到农村电网升级改造带来的便利和实惠。施工方应落实质量管理责任制，明确工程质量要求和目标，按照工程设计图纸和施工技术规范技术标准组织施工，建设单位、监理单位加强工艺质量管控和考核，确保一次成优。

一、工作目标

严格执行国网公司通用设计、通用设备、通用造价、标准工艺的“三通一标”管理要求，严格施工工艺和施工标准，加强导线接头连接、压接焊接、电缆头制作等重点工序质量通病的管控，提高安装工艺质量。充分发挥监理作用，规范隐蔽工程及交接试验、竣工验收质量管控，严格工序验收把关管理，确保实现“一模一样”的工艺质量目标。

二、工艺标准

（一）立杆及基础

（1）依据地形、地质及现场情况确定开挖方式，电杆基坑深度的允许偏差为＋100mm、－50mm。

图 5-3　坑基分坑

1）电杆埋深深度应根据土质及负荷条件计算确定，但不应小于杆长的1/6。

2）电杆埋深10m为1.7m，12m为2m，15m为2.5m，18m为3m。

3）台架（柱上变压器）电杆杆距根据设计确定，应不小于2.5m。

（2）10kV线路每基直线杆需要加装底盘石，转角、耐张杆根据设计情况确定。

1）使用水准仪对基坑底部进行抄平，利用方向桩、辅助桩和线绳确定底盘安装位置，如图5-3所示。

2）底盘安装应平整，盘下回填土应夯实，其横向位移不应大于50mm，底盘石的安装凹下圆圈部分要与线路垂直，电杆尾部要放入圈内，以免电杆倾斜，如图5-4所示。

(a)

(b)

图 5-4　底盘安装

(3) 10kV 线路电杆依据设计图纸中标定的型式安装卡盘。

1) 双回直线杆线路要加装双卡盘石，卡盘石应与线路平行，如图 5－5 所示，并应在线路电杆左、右侧交替安装，双回以上线路根据设计安装。

2) 卡盘上平面距地面不小于 500mm，允许偏差为±50mm。

(4) 电杆组立后，回填土时应将土块打碎，每回填 500mm 应夯实一次，如图 5－6 所示。回填土后的电杆基础应有防沉土台，其埋设高度应超出地面 300mm。

图 5－5 卡盘安装

图 5－6 基础回填

(5) 钢管杆安装严格按照基础图纸施工，必须对钢筋笼的钢筋型号检查核对无误，才可以进行浇筑。

(6) 钢管杆基坑深度允许误差为＋10cm、－5cm；制作基础前应先制作厚度为 20cm 的混凝土垫层。

(7) 钢筋笼放入基坑内后，要牢固可靠，防止侧翻或滚动。立柱主筋上端地脚螺栓采取措施，以确保主筋的保护层厚度、地脚螺栓外露高度、对中心偏移符合设计要求，如图 5－7 所示。

(8) 支模板后，复核地脚螺栓的规格、间距、标高、钢筋规格及保护层厚度，浇筑前地脚螺栓外露部分应采取防污措施，浇筑过程不得产生离析现象；基础浇筑完成后，根据季节温度，做好养护措施。

(9) 模板拆除时，应认真注意地脚螺栓的保护，清除地脚螺栓上的残余混凝土和防污措施。

图 5－7 基础支模

(10) 钢管杆吊装组立后地脚螺栓应紧固，达到规范要求；10kV 钢管杆均应通过多点接地以保证可靠性，接地体与杆塔的连接应良好可靠，接地电阻达到设计要求。

(11) 地脚螺栓螺母安装到位后必须浇筑保护帽，保护帽的大小以盖住杆脚为原则，一般其断面尺寸应超过杆脚板 5cm 以上，高度超过地脚螺栓 5cm 以上，保护帽混凝土的强度符合设计要求，如图 5－8 所示。

图 5-8 铁塔基础

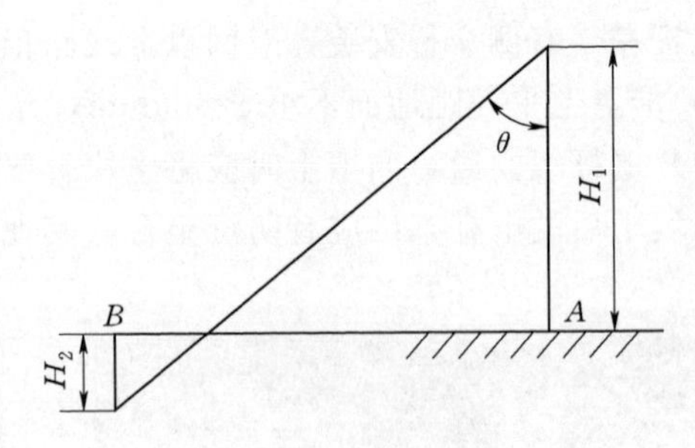

图 5-9 拉线角度

（二）拉线的安装

（1）拉线抱箍安装在距离横担下沿不大于 5cm 处，拉线与电杆的夹角宜为 45°，当地形限制可适当减小，但不应大于 60°、小于 30°。

（2）拉线棒露出地面部分应在 0.5～0.7m 之间。

（3）钢筋混凝土电杆，当拉线穿过导线时，应设置拉线绝缘子，拉线绝缘子距地面处不应小于 2.5m，地面范围的拉线应设置保护套；没有穿越导线的拉线加装绝缘子时，按照以上执行。

（4）绝缘子上下钢绞线回头分别用 3 个钢线卡子压接，上楔和 UT 线夹也分别用 3 个钢线卡子压接，钢线卡子间距 15cm。

（5）楔形线夹露出的尾线长度为 0.3～0.5m；UT 线夹的双螺母应紧固牢靠，其螺帽外露螺栓长度不得大于全部螺纹长度的 1/3，也不得小于 2cm，一般外露螺栓长度为 2～5cm。

（6）拉线安装完成后，转角杆应向外角预留，紧线后不应向内角倾斜；终端杆应向拉线侧预偏其预偏置不应大于杆稍直径，紧线后不应向受力侧倾斜。

（7）同杆架设双回及以上线路，需要根据杆型实际情况分别安装拉线及相应材料，依据安装图纸进行施工，上下层之间不得共用一块拉盘石或一条拉线棒，且每层之间独立安装。

（8）空旷地区配电网线路连续超过 10 基时，宜装设防风拉线。

（9）跨越道路的水平拉线，对路边缘的垂直距离，不应小于 7m。拉线柱的倾斜角宜采用 10°～20°。

（10）跨越电车行车线的水平拉线，对地面的水平距离，不应小于 10m。

（三）铁件组装

（1）横担上下歪斜、左右扭斜，允许最大偏差为±20mm。线路直线杆横担均装于负荷侧，与线路方向垂直，如图 5-10 所示。

（2）10kV 线路杆顶抱箍中心轴线距杆顶为 150mm，杆顶抱箍中心轴线距高压直线横担 U 形螺丝 500mm，耐张杆、终端杆等可根据实际情况进行调整。

（3）0.4kV 所有横担 U 形螺丝距杆顶宜为 15cm。

（4）高低压同杆架设线路（图 5-11），直线杆的距离以 1.2～1.5m 为宜，不得小于 1.2m；耐张杆、终端以 1.0～1.2m 为宜，不得小于 1.0m。

图 5-10 直线杆

图 5-11 高低压同杆

(5) 螺杆应与构建面垂直，螺头平面与构件间不应有间隙。

(6) 螺栓穿入方向顺线路着从电源侧穿入，平行线路者面向受电侧由左向右穿入，垂直地面者由下向上穿入。

(7) 所有高、低压线路的耐张杆（包括终端、转角、分支、T 接等杆型）必须使用连接铁（连扳）牢固安装，防止横担扭动和穿芯螺栓拉出。

(四) 台架进出线安装

(1) 台架线路直线杆横担装于受电侧，中心水平面距离杆顶 350mm。

1) 安装后，横担上下歪斜、左右扭斜，其端部位移不应大于 20mm；线路杆顶支架上层抱箍距离杆顶 150mm，装于受电侧。

2) 在横担上安装针式绝缘子，使用直径不小于 2.5mm 的单股塑料铜线将导线固定在绝缘子顶槽上。

(2) 低压综合配电箱（以下简称 JP 柜）托担用螺栓将托担抱箍安装在电杆上，按“两平一弹双螺母”方式进行固定，如图 5-12 所示。

1) 固定好的托担抱箍应与杆体贴实，开口一致，且方向与横担垂直。

2) 托担抱箍中心水平面距地面 1.9m。

(3) JP 柜采用横担托装方式安装。

1) 使用吊车按照相关要求对 JP 柜进行吊装。

2) 根据 JP 柜横担、JP 柜箱体长度及宽度，确定中心位置，并将 JP 柜居中放置在托担上，用 JP 柜固定横担对其进行固定，如图 5-13 所示。

图 5-12 两平一弹双螺母

图 5-13 JP 柜吊装

(4) 变压器托担安装用螺栓将托担抱箍安装在电杆上，安装要求与 JP 柜托担抱箍的安装相同。

1) 将变压器托担搭在托担抱箍上，按“两平一弹双螺母”方式进行固定。

2) 固定后的变压器托担中心水平面距地面 3.2m。

(5) 变压器安装使用吊车进行吊装时，应避免损坏变压器高低压出线柱头和压力释放阀。

1) 根据变压器横担、变压器本体长度及宽度，确定中心位置，并将变压器居中放置在托担上，用变压器固定横担对其进行固定。

2) 安装后的变压器低压出线柱头与熔断器在同一侧，安装方向一致。

3) 在变压器台架安装过程中，将变压器防护罩扣在变压器上方，防止工作过程中变压器套管和压力释放阀因意外落物造成损坏。

(6) 避雷器横担安装校平后，使用 U 形抱箍进行固定，横担中心水平面距地面 5.5m，允许最大偏差为±20mm。

(7) 熔断器横担安装校平后，使用螺栓进行固定，横担中心水平面距地面 6.8m，允许最大偏差为±20mm。在熔断器横担预留孔上用螺栓将熔断器联板进行固定。

(8) 引线横担使用 U 形抱箍进行固定，水平倾斜不大于横担长度的 1/100。

1) 引线横担校平后，横担中心水平面距杆顶 1.9m。

2) 安装引线横担侧绝缘子，方向与变压器高压侧一致。

(9) 台架螺栓穿向应遵循以下原则：

1) 水平顺台架方向由内向外；水平横台架方向与 U 形螺丝穿向保持一致，由反面穿入。

2) 垂直方向由下向上。

3) 螺杆应与构件面垂直，螺头平面与构件不应有间隙。

4) 螺栓紧好后，螺杆丝扣露出的长度，单螺母不应少于两个螺距；双螺母可与螺杆相平。

5) 同一水平面上丝扣露出的长度应基本一致。

(10) 熔断器及绝缘子安装。

1) 在熔断器横担上安装上装和侧装绝缘子，绝缘子顶槽方向与横担垂直。

2) 熔断器与变压器出线侧安装在同一侧，此面作为台架的正面，并使用螺栓固定在熔断器连板上，使熔管轴线与地面垂线的夹角在 15°～30°之间。

3) 熔断器安装完毕后，进行拉、合试验 3 次，其转轴灵活应灵活。

4) 熔断器拉合试验后，熔管应处在断开位置。

(11) 避雷器及绝缘子安装。在避雷器横担上安装避雷器和侧装绝缘子，避雷器各相间距离应不小于 500mm，绝缘子顶槽方向与横担垂直。

(12) 引线包含熔断器上下引线、避雷器上下引线、接地引线。

1) 引线制作可借用操作平台或其他辅助设施在地面提前进行，减少杆上操作时间，减轻施工人员工作压力。

2) 对剪切好的引线进行剥头处理、涂抹导电膏，并与接线端子压接，压接后做好相色标识及绝缘处理。

3）熔断器上引线分别安装在熔断器横担上装绝缘子和引线横担绝缘子上，使用螺栓压接牢固；引线连接无碎弯，有一定弧度，不应使接线端子受力，并保证三相弧度一致；T节点使用双线夹或T形线夹进行连接，连接处要涂抹导电膏并用铝包带缠绕，紧固后加装绝缘护套，如图5-14所示。

4）熔断器下引线及接地环安装。

①引线在熔断器横担侧装绝缘子上绑扎回头固定后，将压好接线端子的一端用螺栓固定在熔断器下接线端，调整三相弧度一致，不应使接线端子受力。

②在距熔断器横担侧装绝缘子中心水平面以下350mm处安装接地环，接地环应方向一致，并在同一水平面上。

5）避雷器引线安装，如图5-15所示。

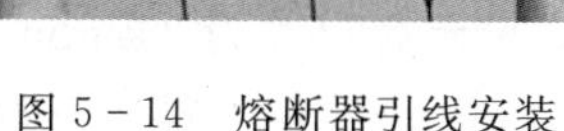

图5-14　熔断器引线安装

图5-15　避雷器引线安装

①熔断器下引线在避雷器横担绝缘子上绑扎固定后，在距接地环下方约700mm处用穿刺线夹将避雷器上引线一端与熔断器下引线连接。

②另一端与避雷器上接线端连接。

③引线应有一定弧度，并保证三相弧度一致。

④使用绝缘线将避雷器接地端连在一起并引出，连接线要平直，无弓弯。

⑤避雷器引出接地线沿横担内槽敷设至电杆内侧，并用钢包带固定在电杆上。

⑥避雷器引线安装后，加装绝缘护罩。

（13）变压器高低压侧引线安装。

1）导线剥皮，涂导电膏，缠绕铝包带。

2）变压器高压侧引线使用设备线夹与变压器高压接线柱连接，并安装绝缘护罩。

3）变压器低压侧出线采用PVC管形式或其他绝缘套管方式安装，两端做好绝缘处理、滴水湾防水、进出口封堵等措施。

4）变压器低压侧出线上端，使用抱杆线夹或其他铜质过渡线夹与变压器低压柱固定连接，并加装绝缘护罩。

5）出线下端进入JP柜与开关进线端连接。

（14）接地引线安装。

1）避雷器、变压器外壳、JP柜外壳和变压器中性点的接地引线串联在一起。

2）将以上接地引线分别沿横担和电杆内侧敷设，并在适当位置采用钢包带固定，固定应牢固、美观。

3）接地引线与接地扁钢连接处用螺栓固定，接地引线应横平竖直。

（15）低压出线安装。

1）低压出线可分为电缆入地和低压上返高低压同杆架设两种形式。

2）低压电缆入地出线时，低压出现管采用长度为2.5m、直径110mm的钢管，由JP柜下方出线，入地后与低压线路连接。

3）低压上返高低压同杆架设时，低压出线管采用直径110mm的PVC管，由JP柜侧方出线。用电缆抱箍将PVC管安装在变压器托担、避雷器横担、高压熔断器横担、高压引线横担预留的PVC管抱箍固定孔上，出现口加装弯头并留有滴水弯。

4）低压出线穿管后，两端进行封堵。低压出线与低压线路采用双并购线夹连接，并加装绝缘护套。

5）低压出线与JP柜负荷开关可使用延长板可靠连接，出线应排列整齐、安装规范。

6）安装完毕后，对JP柜内隔离开关及断路器进行就地操作3次，拉合顺畅，指示分明，操作完成后开关应处在断开位置。

（16）标识安装。

1）杆号牌安装，将杆号牌用钢包带固定在电杆上，杆号牌的下沿距变压器槽钢上沿1m，杆号牌尺寸为320mm×260mm，白底红色黑体字。

2）警示牌安装，在台架正面变压器托担左侧安装“禁止攀登，高压危险”警示牌，上沿与变压器槽钢上沿对齐，并用钢包带固定在槽钢上，警示牌尺寸为240mm×300mm。

3）变压器运行编号牌安装，在台架正面变压器托担右侧安装变压器运行编号牌，上沿与变压器槽钢上沿对齐，并用钢包带固定在槽钢上，运行编号牌尺寸为320mm×260mm，白底红色黑体字。

4）电杆警示标识安装，在电杆下部距地面约500mm处（或埋深标识上沿）向上粘贴（或涂刷）一周警示线。警示线应带荧光防撞警示标识，颜色为黄黑相间。每一色标高度为200mm，顶部一格有“禁止攀登、高压危险”字样，字体为红色黑体。电杆警示标识高度不小于1.2m。

（五）集表箱及接户线安装

（1）表箱高度应在1.8～2.0m之间，安装时应垂直地面，避免阳光直射，集表箱不宜在电杆上安装。

（2）墙面下线横担为L形带拉筋横担，用膨胀螺丝固定，电杆下线横担为80cm双孔单横担，横担要装在电杆的受力侧。

（3）接户线使用185m^{2}绝缘耐张线夹卡25m^{2}铠装电缆的形式，六表位及以上下线为25m^{2}铠装电缆两根400V（三相供电），四表位及以下进一根220V电缆（单相供电）。

（4）表箱内总开关电源侧使用25m^{2}节能接头连接，并使用绝缘相色带缠绕。

（5）进户线要用直径50mm的PVC管穿管敷设至表箱上端隐蔽处，PVC管使用专门的卡子卡紧，弯头、管箍等连接部位两端要加装PVC管卡子，直管卡子间距400mm。

1）保护管与集表箱左右距离为200mm，上下水平间距为150mm；集表箱进出线应做滴水弯。

2）信号采集线（485线）应单独穿管固定。

（6）接户线长度不得超过25m，超过25m的必须加立电杆；每个电杆的接户线不得超过两处，沿墙敷设的接户线不得超过6m。

（六）接地及防雷

（1）避雷器引线上下引线使用不小于25mm² 铜芯绝缘线或不小于35mm² 的铝芯绝缘线，下引线与接地极连接时采用不小于40×4镀锌扁钢。

（2）所有钢管杆均应埋设接地装置，接地引下线宜采用不小于ϕ16镀锌圆钢或不小于4×40m接地镀锌扁钢。

（3）10kV绝缘线在居民区的钢筋混凝土电杆宜接地，接地电阻不应大于10Ω。

（4）绝缘线防雷宜安装过电压保护器，不破坏绝缘层，除耐张杆，转角杆、T接杆外，可以采取直线杆隔一基装设一组的方式。

（5）电缆与架空线连接处应装设氧化锌避雷器一组。

（6）柱上断路器应设防雷装置。防雷装置应装在断路器或隔离开关的两侧，其接地线与柱上断路器等金属外壳应可靠连接并接地，其接地电阻不应大于10Ω。

（7）配电变压器的防雷装置位置，应靠近变压器，其接地线与变压器二次侧中性点以及金属外壳相接并接地，如图5-16所示。

图5-16 接地安装

（七）对地距离及交叉跨越

（1）未经电网企业同意，不得同杆架设广播、电话、有线电视等其他线路。

（2）低压线路与弱电线路同杆架设时电力线路应敷设在弱电线路的上方，且架空电力线路的最低导线与弱电线路的最高导线之间的垂直距离，不应小于1.5m。

（3）同杆架设的低压多回线路，横担间的垂直距离不应小于下列数值：直线杆为0.6m；分支杆、转角杆为0.3m。

（4）线路导线每相的过引线、引下线与邻相的过引线、引下线或导线之间的净空距离，不应小于150mm；导线与拉线、电杆间的最小间隙，不应小于50mm。

（5）裸导线对地面、水面、建筑物及树木间的最小垂直和水平距离，应符合下列要求：

1）集镇、村庄（垂直）：6m；

2）田间（垂直）：5m；

3）交通困难的地区（垂直）：4m；

4）步行可达到的山坡（垂直）：3m；

5）步行不能达到的山坡、峭壁和岩石（垂直）：1m；

6）通航河流的常年高水位（垂直）：6m；

7）通航河流最高航行水位的最高船桅顶（垂直）：1m；

8）不能通航的河湖冰面（垂直）：5m；

9）不能通航的河湖最高洪水位（垂直）：3m；

10）建筑物（垂直）：2.5m；

11）建筑物（水平）：1m；

12）树木（垂直和水平）：1.25m。

（6）架空绝缘电线对地面、建筑物、树木的最小垂直、水平距离应符合下列要求：

1）集镇、村庄居住区（垂直）：6m；

2）非居住区（垂直）：5m；

3）不能通航的河湖冰面（垂直）：5m；

4）不能通航的河湖最高洪水位（垂直）：3m；

5）建筑物（垂直）：2m；

6）建筑物（水平）：0.25m；

7）街道行道树（垂直）：0.2m；

8）街道行道树（水平）：0.5m。

（7）低压电力线路与弱电线路交叉时，电力线路应架设在弱电线路的上方；电力线路电杆应尽量靠近交叉点但不应小于对弱电线路的倒杆距离。电力线路与弱电线路的交叉角以及最小距离应符合下列规定：

1）与一级弱电线路的交叉角不小于45°；

2）与二级弱电线路的交叉角不小于30°；

3）与弱电线路的距离（垂直、水平）为1m。

（8）接户线和进户线的进户端对地面的垂直距离不宜小于2.5m。

（9）接户线和进户线对公路、街道和人行道的垂直距离，在电线最大弧垂时，不应小于下列数值：

1）公路路面：6m；

2）通车困难的街道、人行道：3.5m；

3）不通车的人行道、胡同：3m。

（10）接户线、进户线与建筑物有关部分的距离不应小于下列数值：

1）与下方窗户的垂直距离：0.3m；

2）与上方阳台或窗户的垂直距离：0.8m；

3）与窗户或阳台的水平距离：0.75m；

4）与墙壁、构架的水平距离：0.05m。

（11）接户线、进户线与通信线、广播线交叉时，其垂直距离不应小于下列数值：

1）接户线、进户线在上方时：0.6m；

2）接户线、进户线在下方时：0.3m。

（12）进户线穿墙时，应套装硬质绝缘管，电线在室外应做滴水弯，穿墙绝缘管应内高外低，露出墙壁部分的两端不应小于10mm；滴水弯最低点距地面小于2m时进户线应加装绝缘护套。

（13）进户线与弱电线路必须分开进户。

（八）导线连接及线路保护设备安装

（1）跳线、引流线连接要使用双线夹并安装绝缘护罩。

（2）耐张杆后导线尾线要留到300mm，尾部要朝向线路，并固定结实。

（3）所有需要在绝缘线开口T接的点，要统一在电源侧或在负荷侧，距离横担在600mm，使用双线夹连接并加装绝缘护罩。

（4）不同金属、不同规格、不同绞向的导线在同一档距内严禁连接；同一个档距内连接头严禁超过1个；跨公路、铁路及交叉跨越中有连接扣（接头）。

（5）避雷器安装位置应靠近或高于所保护的设备，应垂直安装，连接可靠，避雷器相间距离小于0.35m，避雷器应加装与相序同色的绝缘护罩。

（6）过电压保护器的安装严格执行设计图纸要求，必须逐相（ABC）与过电压保护器的下端使用线鼻子联接后串联在一起，用绝缘线与接地扁钢联接。

（7）故障寻址器根据设计图纸安装，一般安装在10kV支线或分支线路的T接杆上，且安装位置方向一致。

（8）验电接地环根据设计图纸安装，一般安装在开关两侧、T接杆、支线或分支线处。

（九）电缆线路

（1）敷设电缆施工：

1）敷设电缆应严格执行电力电缆施工工艺标准，敷设前，应检查电缆表面有无机械损伤；并用1kV兆欧表摇测绝缘，绝缘电阻一般不低于10MΩ。

2）在选择直埋电缆线路时，应注意直埋电缆周围的土壤，对有可能受到机械性损伤、化学作用、地下电流、振动、热影响、腐蚀物质及虫鼠等危害的地点，敷设电缆应采取防止损伤的措施。

3）电缆施放时，电缆应从盘的上端引出，不应使电缆在指甲上及地面摩擦拖拉。电缆上不得有压扁、绞拧、护层折裂等机械损伤。

4）敷设时应水平布置，排列整齐，不宜交叉，线间距离一般5～10cm，及时加以固定，并装设标识牌。

5）电缆敷设完毕后，应及时清除杂物，盖好盖板。必要时应将盖板缝隙密封。

6）回填土时，在地面上应做好路径、地下接头、缺陷处理、穿越公路、河渠等部位的标志和交叉处的防护。

（2）敷设电缆时应符合的要求：

1）直埋电缆的深度不应小于0.7m，穿越农田时不应小于1m。

2）直埋电缆的沟底应无硬质杂物，沟底铺100mm厚的细土或黄砂，电缆敷设时应留全长0.5%～1%的裕度，敷设后再加盖100mm的细土或黄砂，然后用水泥盖板保护，其覆盖宽度应超过电缆两侧各50mm，也可用砖块替代水泥盖板。

3）电缆穿越道路及建筑物或引出地面高度在2m以下的部分，均应穿钢管保护。

4）电缆保护管保护长度在30m以下者，内径不应小于电缆外径的1.5倍，超过30m

以上者不应小于电缆外径的2.5倍，两端管口应做成喇叭形，管内壁应光滑无毛刺，钢管外面应涂防腐漆。

5）电缆引入及引出电缆沟、建筑物及穿入保护管时，出入口和管口应封闭。

（3）电缆从地下或电缆沟引出地面时，地面上2.5m的一段应用保护管或罩加以保护，其根部应伸入地面下0.1m。地下并列敷设的电缆，其中间接头盒位置须相互错开，其净距不应小于0.5m。

（4）交流四芯电缆穿入钢管或硬质塑料管时，每根电缆穿一根管子。

（5）单芯电缆不允许单独穿在钢管内（采取措施者除外），固定电缆的夹具不应有铁件构成的闭合磁路。

（十）设备标识及警示标识安装

（1）10kV、0.4kV线路的出口杆塔、分支杆、耐张杆、转角杆、换相杆、下户杆等应设相序标志，在导线挂点附近的横担上安装相序牌或涂刷相序色，如图5-17所示。

图5-17 相序标志

1）线路长度过大时可根据线路长度增加相应数量的相序牌，相序牌应面向小号侧并根据线路排列方式标明相序。

2）10kV线路用黄、绿、红三色表示A、B、C相，0.4kV线路用黄、绿、红、蓝四色表示A、B、C、N相。

（2）10kV、0.4kV线路杆号牌现场悬挂时，其底部距离杆根地面垂直距离4～60m。

（3）杆号牌安装方向应面向线路小号侧（电源侧）或面向道路、人员活动方向。

（4）变压器台架警示牌安装：在台架正面变压器托担左侧安装“禁止攀登，高压危险”警示牌，上沿与变压器托担上沿对齐，并用钢包带固定在托担上。

1）变压器台架杆号牌安装：将杆号牌用钢包带固定在电杆上，杆号牌的下沿距变压器托担上沿1m。

2）变压器运行编号牌安装：在台架正面变压器托担右侧安装，距离右侧杆体100mm，上沿与变压器托担上沿对齐，并用钢包带固定在托担上。

（5）防撞及埋深标识安装：

1）距道路1m以内的杆塔安装防撞警示标识，警示标识颜色为黄黑相间，高度不小于1200mm，每一色标高度为200mm，顶部一格有“禁止攀登，高压危险”字样，字体为红色黑体。

2）电杆下部距地面约500mm处涂刷或粘贴电杆埋深标识。

（6）台架应根据地形和环境安装围栏，围栏距台架保持足够的安全距离，地面上高度不低于1400mm，围栏四面应悬挂“止步，高压危险”警示牌。

（7）线路接地扁钢初接地连接螺栓外，应刷黄绿相间的斑马漆，其间距为20cm。

（8）箱变接地要有两个明显断开点不要焊接，接地扁钢应刷黄绿斑马漆，其间距为20cm。

（9）箱变四面分别安装标识牌。名称牌朝向巡视易见侧，警示牌安装在其余两侧。标识牌安装在箱变中部位置。地面安装的配电变压器，其四周应装设高度不小于1700mm的围栏，围栏与变压器外廓距离不小于1m，围栏四面应悬挂“止步，高压危险”警示牌。

（10）电缆标识牌应安装在电缆终端头、中间头、转弯处。

1）所有工井或电缆通道内，采用塑料扎带、捆绳等非导磁金属材料每隔5～30m牢固固定，要求在电缆敷设或电缆头安装到位后立即安装。

2）工井内电缆标示牌应在电缆工井进出口分别绑扎。爬杆电缆应绑扎在电缆保护管封堵口上方同时应在距离地面不小于2500mm处安装设备标识牌，设备标识牌要安装在明显位置，便于巡视人员、行人发现。

3）电缆终端头标识牌应绑扎在电缆终端头三芯指套下方10mm处，电缆中间头标识牌应绑扎在电缆中间接头位置。

（11）电缆标志桩、板在埋设时，位于人行道时应与地面平齐，位于草坪时应高出地面不小于200mm，以便于巡视检查。

（12）电缆通道为直线段时，按照实际现场情况，电缆标志桩、板建议每隔5～15m均匀埋设；为转角处、交叉处时，每隔5～10m埋设，电缆进出工井、隧道及建筑物时，应在出口两侧装设标识牌，电缆中间接头处应埋设相应电缆标志桩。

（13）母线应按下列规定涂漆相色：U相为黄色，V相为绿色，W相为红色，中性线为淡蓝色，保护中性线为黄和绿双色。

（14）各种高低压盘、柜标识牌应统一安装在柜体顶端中间位置，前后两侧分别安装。

三、农村电网改造工艺质量检验保证体系流程

工艺质量检验保证体系流程是对施工项目完成验收全部流程，是满足施工质量的组织保证，促进了工艺水平的提高，是保证工程顺利送电的重要措施。

（1）企业物资管理部门确保物资产品进货的合格规范。做好物资统一采购工作，由上级公司统一招标，通过国网批次招标、协议库存、超市化购买物资产品。

（2）严把进货检验关。做好工序检验、工序抽检、三级验收关口。做好工程物资管理，确保工程物资的安全、完整及合理使用，对工程物资各管理环节可能存在的缺陷和漏洞进行必要防范和有效控制。

（3）正确搬运储存物资。有物资管理员对物资的储存进行有效监督。

（4）施工过程中确保物资的合格正确安装。从企业各部门抽调业务骨干成立业主项目部，赋予项目经理及专责人足够的权限，对所辖工程的项目全面控制负责，为项目施工建设提供一流的内外部建设环境。

（5）工程完工后，严把工程验收关。组织三级验收，由施工班长技术员组织“班组质检”班级验收，项目经理组织“车间质检”车间级验收，最后业主项目部牵头各专业部门代表进行建设单位验收。农村电网改造工艺质量检验保证体系流程如图5-18所示。

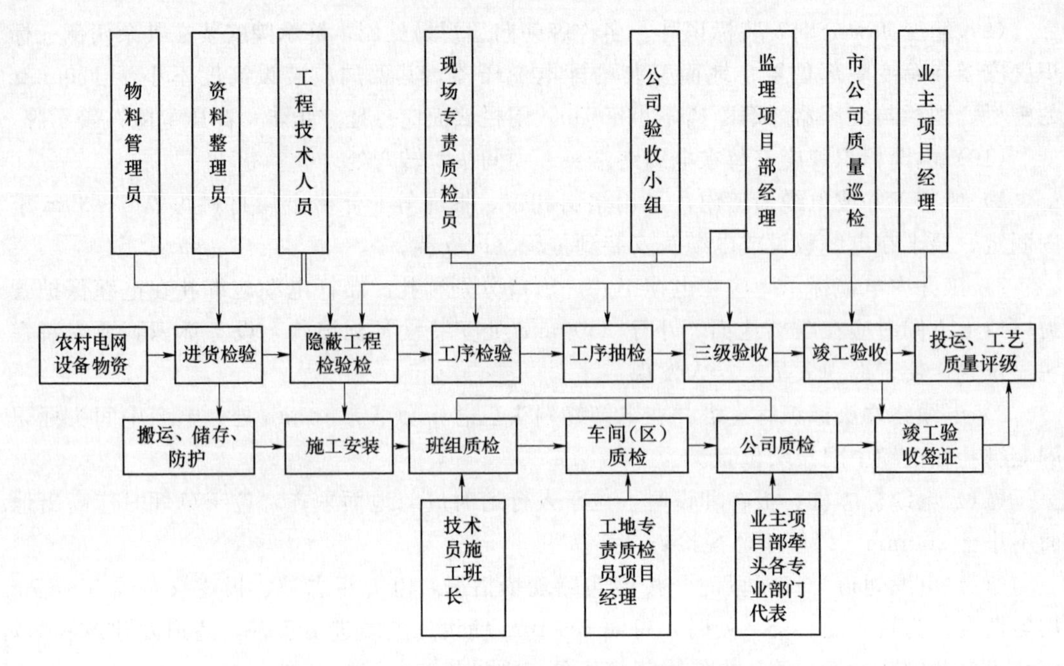

图 5-18 农村电网改造工艺质量检验保证体系流程图

第五节 质 量 监 督

作业建设质量将影响到施工过程的施工质量，中标施工单位属于自控主体，它是以农村电网典型设计、农村电网施工工艺标准以及工程合同、设计图纸和技术规范为依据，对施工准备阶段、施工阶段、竣工验收交付阶段等施工全过程的工作质量和工程质量进行的控制，以达到合同文件规定的质量要求。在实际工作中，由于施工过程中人的因素，常常有分部工程或分项工程达不到质量要求，这就需要业主或由其委托监理方去对施工过程进行全过程、全方位的质量监督、控制与检查。

一、质量监督管理的机制建立

（1）建立健全质量管理制度。农村电网项目从开工到竣工，中间过程极其繁杂，涉及的施工环境、民事协调因素多，必须因地制宜地建立可行的质量管理体系，并在现场做好监督及落实工作。实行质量问题实名责任制和追溯制。做到现场每一片区域、每一道工序都有质量负责人和监管人。

（2）提高现场管理人员（业主、施工、监理项目部）的质量意识，加强对一线施工工人的管理。在施工过程中严格控制每道工序，把好质量关，特别是对关键工序，要坚持实行上一道工序不合格不进行下一道工序的做法，以强制手段来减少质量通病，改变不规范的做法。

（3）在施工队伍中推广应用成功案例中的施工方法和安装工艺，严格执行施工及安装工艺标准。

二、施工准备状态的控制

施工准备状态是指在正式开展施工作业前，将预先计划好的安排工作落实到位的状态，包括配置的人员、物资、施工工器具、场所环境、通风、照明、安全设施等。开工前，建设单位（业主项目部）应监督好中标施工单位的开工准备工作，避免实际准备工作与计划不相符，如果施工方贸然开工必将造成质量上的缺陷。

（1）技术交底。业主单位会同设计单位对施工单位做好技术交底，是保障施工质量的首要条件之一。分项工程施工前，业主会同监理单位要审核施工单位的技术交底文字材料。

（2）施工人员。施工人员精神状态良好，没有饮酒。如登杆作业，应以人为重点进行控制，高空、高（低）温、危险作业，对人的身体素质或心理应有相应的要求；技术难度大或精度要求高的作业，如配电盘的安装、调试等对人的技术水平均有相应的较高要求。

（3）机械设备进场前审查。审查施工方列出进场机械设备的型号、规格、数量、技术性能（技术参数）、设备状况、进场时间的报表，检查进场机械设备是否合格。不合格的，要求施工方更换机械设备，合格后方可进场作业。

（4）物资设备。电力物资和施工工器具是直接影响工程质量和安全的主要因素。凡运到施工现场的原材料、半成品或构配件，进场前应业主提供这些物资的出厂合格证及技术说明书或检验、试验报告，业主确认其合格后方可进场。凡是没有产品出厂合格证及检验不合格者，不得进场。监督物资的存放。应当根据它们的使用时间、特点、特性及以对通风、防潮、防锈等方面的不同要求，安排合适的地方进行存放，保证物资的质量不因存放受到损失。

三、施工过程的质量监督

（一）作业环境状态

（1）监督施工作业环境。所谓作业环境主要是指：施工照明、安全防护设备、施工场地空间、施工道路等。这些条件的好坏，直接影响到施工能否顺利进行，以及施工质量的好坏。作业环境达不到要求时，业主可以要求施工方停止作业。

（2）监督施工质量管理环境。施工质量管理环境主要是指：中标施工单位的质量管理体系和质量控制自检系统的状态，系统的组织结构、管理制度、人员配备等方面，质量责任制落实情况。施工质量环境的健全，是保证作业效果的重要前提。

（3）监督施工方对现场自然环境的应对措施。施工过程中，自然环境有可能出现不利于保证施工作业质量的情况。业主必须要监督施工方采取必要的措施，消除不利影响。如炎热季节的防暑、防晒；寒冷季节的防冻等。

（二）监督进场施工机械设备性能及工作状态

建设单位（业主项目部）会同监理、中标施工单位要做好进场机械管控工作，定期不定期检查作业现场机械设备的使用情况及保养记录。只有状态良好、性能满足施工需要的机械设备才允许进入施工现场。机械设备进场后，要进行现场核对业，无疑问后方可使用。

（三）施工过程监督重点

（1）关键过程的操作。如 10kV 熔断器与避雷器的安装，线杆的杆根填埋，导线与瓷瓶之间的捆绑，都是可保证线路质量的关键过程。

（2）施工技术参数。如电缆线芯连接时，电缆线芯和连接管之间的压缩比参数控制，以及电缆直埋参数都是保证电缆质量的关键。

（3）施工顺序。例如同杆架设高、低压线路，应先架高压、后架低压。

（4）新工艺、新技术、新材料的应用。由于没有实践操作的经验，施工时可作为重点进行监督。

（5）易发生质量问题的工序应重点监督。如线头的连接、带电部件的安装、线路的相序连接等。

（四）监督隐蔽工程

隐蔽工程是质量监督工作中的重点监督对象。重点是土石方工程、基础部分工程、缆沟工程、接地工程及特殊地形的施工等内容。全过程监督隐蔽工程管理是建设单位、监理单位、中标施工单位义不容辞的责任，是保证工程正常施工的关键点，对发现的质量缺陷问题限期整改，必须严肃认真开展工作，闭环管理，并做好记录和留存影像资料。质量缺陷的闭环管理流程图如图 5-19 所示。

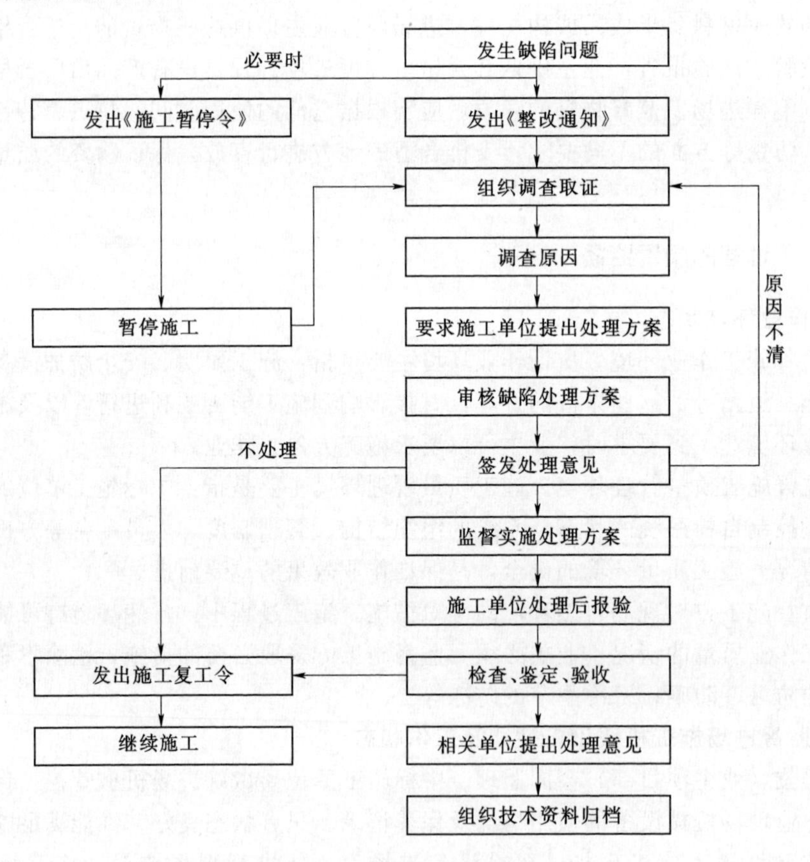

图 5-19 质量缺陷的闭环管理流程图

第六节　施　工　监　理

一、监理职责

（一）监理项目部工作职责

严格履行监理合同，对工程安全、质量、造价、进度进行控制，对合同、信息进行管理，对工程建设相关方的关系进行协调，并履行建设工程安全生产管理法定职责，努力促进工程各项目标的实现。

（1）严格执行工程管理制度，落实岗位职责，确保监理项目部安全质量管理体系有效运作。

（2）参加设计交底及施工图会检，监督有关工作的落实。

（3）结合工程项目的实际情况，组织编制监理工作策划文件，报建设管理单位批准后实施。

（4）审查项目管理实施规划（施工组织设计）、施工方案（措施）等施工策划文件，提出监理意见，报建设管理单位审批。

（5）组织监理人员进行安全教育培训，对工程策划文件、标准工艺及上级文件进行学习、交底。

（6）审核施工项目部提交的开工报审表及相关资料，报业主批准后，签发工程开工令。

（7）审查施工分包商报审文件，对施工分包管理进行监督检查。

（8）审查施工项目部编制施工进度计划并督促实施；比较分析进度情况，采取措施督促施工项目部进行进度纠偏。

（9）定期检查施工现场，发现存在安全事故隐患的，应及时要求施工项目部整改；情况严重的，应书面通知施工方要求施工项目部暂停施工，并及时报告建设管理单位。施工项目部拒不整改或不停止施工的，应填写监理报告即时向有关主管部门汇报。

（10）组织进场材料、构配件的检查验收；通过见证、旁站、巡视、平行检验等手段，对全过程施工质量实施有效控制。监督、检查工程管理制度、建设标准强制性条文、标准工艺、质量通病防治措施的执行和落实。

（11）按规定进行工程设计变更和现场签证管理。

（12）审核工程进度款支付申请，按程序处理索赔。

（13）审核施工项目部竣工结算资料。

（14）定期组织召开监理例会，参加与本工程建设有关的协调会。

（15）负责应用配农村电网工程管控系统上传相关工程信息，负责工程信息、数码照片及档案监理资料的收集、整理、上报、移交工作。

（16）配合各级检查、竞赛评比等工作，完成自身问题整改闭环，监督施工项目部完成问题整改闭环。

（17）组织开展监理初检工作，做好工程中间验收、竣工验收的监理工作。

(18) 项目投运后，及时对监理工作进行总结。

(19) 负责投产后质保期内监理服务工作，参加项目创优工作。

(二) 项目总监理工程师职责

项目总监理师是公司派往受监理工程项目的全权负责人，全面负责和领导项目的监理工作。

(三) 项目总监代表职责

项目总监代表在总监理工程师的领导下进行工作，负责组织完成其分管的各项工作；在总监理师不在项目工地时，受其委托代行总监理工程师职责。

(四) 专业监理工程师职责

专业监理工程师在总监理工程师的统一领导下，负责开展本专业的监理工作。负责编制本专业监理实施细则；负责本专业监理工作的具体实施；组织、指导、检查和监督本专业监理员的工作，当人员需要调整时，向总监理工程师提出建议；审查承包商提交的涉及本专业的计划、方案、申请、变更，并向总监理工程师提出报告；负责本专业分项工程验收及隐蔽工程验收；定期向总监理工程师提交本专业监理工作实施情况报告，对重大问题及时向总监理工程师汇报和请示；根据本专业监理工作实施情况做好监理日记；负责本专业监理资料的收集、汇总及整理，参与编写监理月报；核查进场材料、设备、构配件的原始凭证、检测报告等质量证明文件及其质量情况，根据实际情况认为有必要时对进场材料、设备、构配件进行平行检验，合格时予以签认；负责本专业的工程计量工作，审核工程计量的数据和原始凭证。

(五) 监理员职责

在专业监理工程师的指导下开展现场监理工作；检查承包商投入工程项目的人力、材料、主要设备及其使用、运行状况，并做好检查记录；复核或从施工现场直接获取工程计量的有关数据并签署有关凭证；按设计图及有关标准，对承包商的工艺过程或施工工序进行检查和记录，对加工制作及工序施工质量检查结果进行记录；担任旁站工作，发现问题及时指出并向专业监理工程师汇报；做好监理日记和有关的监理记录。

(六) 旁站监理职责

旁站监理是监理人员控制工程质量，保证项目目标实现不可缺少的重要手段，旁站监理项目属于特殊工序项目，监督检查时应做好记录，并应进行工序交接检查，隐蔽工程须经监理人员检查确认合格后，在隐蔽卡上签证方可允许加以覆盖，导、地线压接管经检查合格后，方允许升空。

(七) 对供应商的评价

对供应商采购的材料、设备的质量应进行全过程和全面的控制，从采购、加工制造、运输卸货、进场、存放、使用等各个环节都需要监督与控制。

(八) 采购质量的控制

凡由中标施工单位负责采购的材料、设备，在采购订货前应向监理工程师报审供货商的资质；材料、设备应按经过审批认可的设计文件和图纸采购订货，其质量满足有关标准和设计的要求，交货期应满足施工进度安排的需要；一般应实行招标采购的方式，选择良好的供货商；对于重要的材料、设备采购、订货，监理工程师可以通过制订质量保证计划，对厂方详细提出应达到的质量保证要求；供货商应向需方提供质量保证文件，用以表示其提供的货物能够完全达到需方质量保证计划中提出的要求；供应商采购的建材要建立台账及材料使用跟踪记录。

（九）制造质量的控制

对于某些重要的材料设备，可采取对供应商生产制造实行监造的方式，进行重点的或全过程的质量监督。了解供应商质量管理及保证体系，监督在生产过程中其质量体系运行情况及质量保证的执行情况；监督其所用原材料质量、生产工艺及工序控制能力；检查其质量检验人员的资质，以及质量检验工作情况的可靠性、准确性；参与产品出厂前的试验与检验，监督产品包装、运输的质量。对材料、设备的进场进行质量控制。

二、工作内容

监理合同内授予监理人的权限，在执行过程中可随时通过书面附加协议予以扩大或减小。

（一）工程质量控制工作

质量管理按项目建设流程可分为质量策划、施工准备、施工过程、工程验收（含过程验收）和总结评价五个阶段管理内容。

1. 质量策划阶段

依据已批准的监理规划，与主业工程相关的标准、设计文件和技术资料，施工组织设计等，编制监理实施细则，细则中可包含见证计划、隐蔽工程验收、平行检验、质量旁站、质量通病防治等内容，报建设管理单位备案。

2. 施工准备阶段

（1）审查施工项目部报审的质量管理组织机构、专职质量管理人员和特种作业人员的资格证书。

（2）审查施工项目部报送的项目管理实施规划中的质量保证措施的有效性和可行性，确保措施符合工程实际并具有可操作性，填写文件审查记录表。

（3）审核施工项目部报审的施工质量验收及评定范围划分表、施工方案等文件，填写文件审查记录表，报建设管理单位审批。

（4）审查施工项目部委托的第三方试验（检测）单位的资质等级及试验范围、计量认证等内容。

（5）审查施工项目部报审的主要测量、计量器具的规格、型号、数量、证明文件等内容。

（6）审核测量依据、测量人员资格和测量成果是否符合设计、规范及标准要求。

（7）审查施工项目部报审的乙供材料供应商资质文件。

3. 施工过程阶段

（1）对进场的工程材料、构配件、设备按规定进行实物质量检查及见证取样，并审查施工项目部报送的质量证明文件、数量清单、自检结果、复试报告等，符合要求后方可使用。

（2）组织业主、施工、供货商（厂家）对甲供主要设备材料进行到货验收和开箱检查，并共同签署设备材料开箱检查记录表。若发现缺陷，由施工项目部填报材料、构配件、设备缺陷通知单，待缺陷处理后，监理项目部会同各方确认。

(3) 按规定对试品、试件进行见证取样，并对检（试）验报告进行审核，符合要求后予以签认。

(4) 对已进场的材料、构配件、设备质量有怀疑时，在征得建设管理单位同意后，按约定检验的项目、数量、频率、费用，对其进行平行检验或委托试验。

(5) 对测量成果及保护措施进行检查核实。

(6) 对关键部位、关键工序进行旁站监理，填写质量旁站监理记录表。需旁站的部位、工序（包括但不限于）：变压器安装及试验，环网柜安装及试验，电缆头制作及试验等项目需进行质量旁站。

(7) 做好平行检验工作。对不符合相关质量标准的，应签发监理通知单，及时督促施工单位限期整改。

(8) 审核施工项目部报审的试品、试件试验报告。

(9) 组织召开质量工作例会（可结合监理例会召开），在形成的监理例会会议纪要中分析工程质量状况，提出改进质量工作的意见。

(10) 督促施工项目部质量通病防治措施、强制性条文执行计划的实施。

(11) 对“标准工艺”应用情况进行检查验收，填写监理检查记录表，及时纠偏，跟踪整改。

(12) 根据施工进展，对现场进行日常巡视检查，填写监理检查记录表，发现问题及时纠正。巡视检查主要内容：①检查是否按工程设计文件、工程建设标准和批准的施工方案（措施）施工；②检查已进场使用的材料、构配件、设备是否合格；③检查现场质量管理人员是否到位，特种作业人员是否持证上岗；④检查用于工程的主要测量、计量器具的状态，确保检验有效、状态完好、满足要求。

(13) 发现施工存在质量问题的，或施工单位采用不适当的施工工艺，或施工不当，造成工程质量不合格的，应及时签发监理通知单，并督促落实整改。

(14) 对需要返工处理或加固补强的质量缺陷，要求施工项目部报送经设计等相关单位认可的处理方案，并应对质量缺陷的处理过程进行跟踪检查，同时应对处理结果进行验收。

(15) 发生质量事件后，现场监理人员应立即向总监理工程师报告；总监理工程师接到报告后，应立即向本单位负责人和建设管理单位报告。参加有关部门组织的质量事件调查，提出监理处理建议，并监督事件处理方案的实施。

(16) 发现存在符合停工条件的重大质量隐患或行为时，签发工程暂停令，要求施工项目部进行停工整改，并报告建设管理单位。

(17) 配合建设管理单位及上级单位开展优质工程、交叉互查等各类检查，按要求组织自查，督促责任单位落实整改要求。

4. 工程验收阶段（含过程验收）

(1) 对施工项目部报验的隐蔽工程进行验收，对验收合格的应给予签认；对验收不合格的应要求施工项目部在指定的时间内整改并重新报验。

（2）对已同意覆盖的工程隐蔽部位质量有疑问的，或发现施工单位私自覆盖工程隐蔽部位的，应要求施工项目部进行重新检验。

（3）现场组织质量验收工作，对“标准工艺”应用情况进行检查。

（4）根据施工项目部提出的验收申请，对施工项目部自检验收结果进行审查，组织监理初检工作。对初检中发现的施工质量问题，指令施工项目部消缺整改。

（5）监理初检合格后，出具监理初检报告，向建设管理单位提出工程报验申请单，报请建设管理单位组织验收。

（6）参加建设管理单位组织的验收，对验收中发现的问题，监理项目部组织复查，完毕后报建设管理单位审查。

（7）整理、移交监理档案资料。

5．总结评价阶段

（1）依据委托监理合同的约定，对工程质量保修期内出现的质量问题进行检查、分析，参与责任认定，对修复的工程质量进行验收，合格后予以签认。

（2）配合建设管理单位及上级有关部门组织的达标投产、优质工程等检查。

（3）承担工程保修阶段的服务工作时，按照要求进行质量回访。

（二）工程造价控制工作

（1）监理机构应按下列程序进行竣工结算：

1）承包单位按施工合同规定填报竣工结算。

2）专业监理工程师审核承包单位报送的竣工结算报表。

3）总监理工程师审定竣工结算报表，与业主、承包单位协商一致后，签发竣工结算文件和最终的工程款支付证书报业主。

（2）项目监理机构应根据施工合同有关条款、施工图，对工程项目造价目标进行风险分析，并应制定防范性对策。

（3）总监理工程师应从造价、项目的功能要求、质量和工期等方面审查工程变更的方案，并宜在工程变更实施前与业主、承包单位协商确定工程变更的价款。

（4）项目监理机构应按施工合同约定的工程量计算规则和支付条款进行工程量计算和工程款支付。

（5）专业监理工程师应及时建立月完成工程量和工作量进行统计表，对实际完成量与计划完成量进行比较、分析，制定调整措施，并应在监理月报中向业主报告。

（6）未经监理人员质量验收合格的工程量，或不符合施工合同规定的工程量，监理人员应拒绝计量和该部分的工程款支付申请。

（三）工程进度控制

（1）项目监理机构应按下列程序进行工程进度控制：

1）总监理工程师审批承包单位报送的施工总进度计划。

2）总监理工程师审批承包单位编制的年、季、月度施工进度计划。

3）专业监理工程师对进度计划实施情况检查、分析。

4）当实际进度符合计划进度时，应要求承包单位编制下一期进度计划；当实际进度滞后于计划进度时，专业监理工程师书面通知承包单位采取纠偏措施并监督实施。

（2）专业监理工程师应依据施工合同有关条款、施工图及经过批准的施工组织设计制定进度控制方案，对进度目标进行风险分析，制定防范性对策，经总监理工程师审定后报送业主。

（3）专业监理工程师应检查进度计划的实施，并记录实际进度及其相关情况，当发现实际进度滞后于计划进度时，应签发监理工程师通知单指令承包单位采取调整措施。当实际进度严重滞后于计划进度时应及时报总监理工程师，由总监理工程师与业主商定采取进一步措施。

（4）总监理工程师应在监理月报中向业主报告工程进度和所采取进度控制措施的执行情况，并提出合理预防由业主原因导致的工程延期及其相关费用索赔的建议。对实施项目的质量、进度和费用的监督控制权。主要体现在：

1）对承包人报的工程施工组织设计和技术方案，按照保质量、保工期和降低成本要求，自主进行审批和向承包人提出建议；征得委托人同意，发布开工令、停工令、复工令；对工程上使用的材料和施工质量进行检验；对施工进度进行检查、监督，未经监理工程师签字，变压器和线材、金具、安全工器具不得在工地上使用，施工单位不得进行下一道工序的施工；工程实施竣工日期提前或延误期限的鉴定；在工程承包合同定的工程范围内，工程款支付的审核和签认权，以及结算工程款的复核确认与否定权。未经监理人签字确认，委托人不支付工程款，不进行竣工验收。

2）工程建设有关协作单位组织协调的主持权。

3）在业务紧急情况下，为了工程和人身安全，尽管变更指令已超出了委托人授权而又不能事先得到批准时，也有权发布变更指令，但应尽快通知委托人。

4）审核中标施工单位索赔的权利。

监理机构可依据监理合同和有关的建设合同对施工单位的建设行为进行监督管理。由于这种约束机制贯穿于施工建设的全过程，采用事前、事中和事后控制相结合的方式，因此有可以有效地规范施工单位的建设行为，最大限度地避免不当建设行为的发生。即使出现不当施工行为，也可以及时加以制止，最大限度地减少其不良后果。

第七节 典 型 案 例

案例一 严控工艺质量加强工程标准化建设

为规范农村电网工程管理，深化“五化”（设计标准化、物料成套化、采购超市化、施工装配化、工艺规范化）建设，推行国网公司“三通一标”（通用设计、通用设备、通用造价、标准工艺）工作要求，贯彻项目标准化建设理念。按照《国家电网公司配电网工程典型设计》和《中低压配电网标准工艺》要求，全力打造农村电网优质工程。××供电公司汪城官村农村电网改造升级工程依据省公司《关于开展配网“三类示范区”示范点建设的通知》要求，严格执行工程“五制”管理，争先创出亮点、创出经验、创出特色，使工程建设体现公司电网建设水平、代表农村电网发展方向。

一、建设背景

1. 配电网现状参差不齐

辖区内部分中低压配电线路结构不合理，缺乏科学的布点规划，使供电压力大，供电布局不平衡，部分线路存在迂回现象，不能满足地方经济快速发展的用电需求。偏僻农村地区存在着供电半径过长，导线线径细，线路绝缘化低，部分电杆裂纹严重，铁件、金具锈蚀，线路设备陈旧，存在不同程度的安全隐患。

2. 配电网标准化建设不完善

受资金限制，原参与过农村电网改造的台区改造不彻底，还存在死角，“卡脖子、超半径”供电还存在，造成过负荷、低电压、可靠性低的供电现象，离配电网标准化建设存在较大差距，仍需持续加大资金投入，完善配电网建设。

3. 无法满足用电需求

汪城宫村处在“汶阳田”中央，大汶河之滨，土地肥沃，是国内“苗圃园林景观树木之乡”“建筑安装明星村”。该村为××省发改委公布的中心村。××市汶阳镇汪城宫村10kV台区新建工程，是××省首批“中心村建设示范台区”，××市第一个“中心村样板工程”。原有线路均为裸铝线，基础较差，原有变压器很难承担全村630户居民的正常生活用电及35口机井用电，户均容量为1.75kVA，末端用户电压偏低，现有的配变、线路远不能满足用户要求，严重制约着该村经济的进一步发展，也给居民的生产生活造成很大的不便。

二、主要做法

1. 统一思想，充分认识农村电网改造的意义和内涵

实施农村电网改造升级，是更好地服务“三农”的必然要求。近年来，随着农村经济社会快速发展，电力需求持续保持快速增长，前期改造过的农村电网出现了与快速增长的用电需求不相适应和配网出现较多薄弱环节等问题，影响了农村电网的供电可靠性和供电质量。只有通过实施农村电网改造升级工程，尽快消除供电“卡脖子”“低电压”等问题，结合农村用电特点和需求，全面提高供电能力和质量，才能更好地服务于肥城新农村建设。通过实施农村电网改造升级工程，优化农村电网网架结构，解决农村电网薄弱问题，有效提升农村电网技术装备水平，增供扩销，降低成本，强化管理手段和措施，各方面的实力将得到良好发展，有利于进一步提高县供电企业管理水平和发展能力。

2. 超前筹划，做好农村电网改造升级标准化建设

为确保农村电网改造升级各项工程的顺利实施，供电公司坚持科学规划，强化责任落实，采取了一系列强有力的保障措施。

一是加强领导。成立了以党政一把手为组长的农村电网改造升级建设领导小组，从公司各部门抽调业务骨干组建农村电网改造升级建设办公室，负责农村电网改造升级建设的工程设计、施工管理、质量监督等工作，为农村电网改造升级建设提供了组织保障。实行三部协管，创新管理体系建设，提高农村电网建设管理水平。成立业主项目部，对所辖工程的项目、安全、质量、造价、技术、工期等全面控制负责；成立监理项目部，加

强工程项目在安全、质量、技术等方面的监理力度，不断提高电网技改工程建设水平；成立施工项目部，严格执行国网公司工艺标准，提高工艺水平，精心组建专业施工队伍，开展农村电网工程项目大会战。

二是加强制度建设。组织召开了农村电网改造升级建设动员大会，先后制定了《农村电网改造升级项目管理办法》《农村电网改造升级建设资金、物资管理办法》等六项农村电网改造升级工作标准和管理办法，为农村电网改造升级建设提供了制度保障。

三是强化执行。制订农村电网标准化建设工作管理方法和考核标准，将所有标准分解到部室和岗位，确保各项工作标准严格执行，各项工作指标落实到位。考核工作采取实绩量化指标和工作质量两部分内容进行，重点查看实际开展“典型设计应用率、标准化工艺应用率、标准化物料应用率”的完成情况以及相关规划、计划、记录、报表和报告、考核兑现等资料。突出“四个重点”，加快工程进度。突出抓好物资催运；突出抓好对上汇报；突出抓好民事协调；突出提升农村电网建设水平。

3. 科学管理，坚持标准化建设

深入贯彻落实科学发展观，全面落实国家电网公司农村电网改造升级工作部署，统筹城乡发展，适应农村用电快速增长要求，按照“统一规划、分步实施、因地制宜、突出重点、经济合理、先进适用、深化改革、加强管理”的原则，加强农村电网建设与改造，侧重发展配电网，重点解决农村电网供电“低电压”和供电“卡脖子”问题，消除电网安全隐患，逐步实现电网技术升级。

严格里程碑计划，严格工程质量，强化监理隐蔽环节到位监督，坚持标准化建设，落实典设和“四个一”工作要求，实现项目储备“一图一表”、设备选型“一步到位”、建设工艺“一模一样”、管控信息“一清二楚”，严格验收标准，完善问题整改监督机制，确保“零缺陷”投运。

(1) 采用标准化施工工艺进行改造。严格按照《农村电网10kV柱上变压器台及进出线施工工艺》施工，结合实际情况，编制并下发了具有××特点的《新农村农网工程建设标准工艺随身看图册》，自行编写了《××公司柱上变压器施工工艺要点明白卡》(图5-20)。图册及明白卡分发到每一个施工单位，内容包括：立杆及基础、拉线的安装、铁件组装、表箱及接户线安装、跳线引线连接、箱变安装、过电压保护器的安装、各类标识牌安装事项等各方面内容。使每一位施工作业人员清楚地了解施工技术要求和实施步骤，避免造成工程质量隐患或工程返工等情况，防止低水平重复建设，在实际施工中起到主导作用，确保农村电网工程标准化建设，有利于进一步提高建设质量。

(2) 积极应用新设备、新材料，提高农村电网科技水平。设备选用10kV柱上变压器台成套设备，ZA-1-ZX，200kVA，15m型。变压器选用SH15非晶合金变压器，低压电缆与0.4kV主干线T接处使用节能线夹；增加接触面积，大大减少损耗；变压器高压侧采用测温型线夹，增强故障发现能力。使用跌落式熔断器、跌落式避雷器，减少人工操作压力，提高工作效率和自动化水平，确保设备安全运行。

(3) 本次建设中涉及的各类标示，严格执行国网标准，从箱变标示、围栏、杆号牌、相序牌、表箱标志牌、电缆标志桩、户表标志、电杆防撞标志及各类警示牌等入手，做到齐全，悬挂、安装美观。

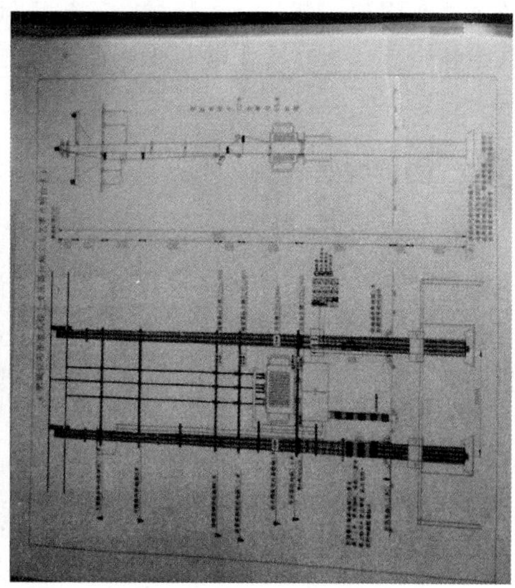

图 5-20 编制的标准化图册

三、建设成效

(1) 截至目前，该台区实现连续安全运行，无异常情况发生。

(2) 主要技术经济指标、工程质量和施工工艺达到同类工程的先进水平；工程安装工艺质量符合典型设计要求；工程竣工资料归档及时、规范、完整，工程建设取得了良好的效果。

(3) 改造后的台区电网全部实现绝缘化、电杆高度满足安全要求。

(4) 户表全部实现了低压集抄功能，并无线传输相关参数至后台。平均低压线损率降低到 3.8%，线路末端电压全部达到了国家规定范围，电压合格率达到 98.37%，供电可靠率实现 98.88%。

(5) 居民二、三级剩余电流动作保护器安装率 100%，安全管理得到极大提升；进一步提高了供电所管理水平；居民家用电器普及率迅速增加，大大满足了该村居民生活、生产用电需求；该村用电量与往年同期相比增加了 35%。

案例二 施工管理“前中后”，确保机井通电惠民利民

一、建设背景

长期以来，农灌用电设备、线路缺失，电网布局不合理，机械井、柴油机等存在多数，用不上电、浇不上地的现象大面积存在，灌溉问题一直束缚着农村经济发展，影响农民收入。2016 年 3 月 5 日，在第十二届全国人民代表大会第三次会议上，李克强总理在《政府工作报告》中明确提出：“抓紧新一轮农村电网改造升级，两年内实现农村可靠供电服务和平原地区机井通电全覆盖”。××公司紧紧抓住这一历史机遇，快速开展工作，截止 2017 年 6 月 30 日，已全部完成机井通电工程建设工作。

“自从供电公司的把电送到了井上，俺们这一年四季种瓜果蔬菜都缺不了水了，不管

大棚还是应季的，菜品、果品都比以往要好很多。村里今年又添了50多座大棚，供电公司这又给俺们上了新的机井通电项目，俺们这日子肯定越过越好。”6月14日，××市××镇湖西村支部书记×××，谈起正在该村收尾的第二个井井通电工程，如数家珍。

二、主要做法

施工前，该公司始终坚持安全第一的理念，层层签订安全责任状101份，强化安全危机意识，落实安全主体责任。以施工安全保障工程实施为原则，对工程施工“三措一案”科学编写，实行施工单位、运行单位、安监部门“三级审查”。结合公司“无违章”班组建设工作，将农村电网施工单位统一纳入到公司层面管理，共发现现场安全隐患11处，查处违章作业行为4起，全部限时整改完毕，进行安全教育和经济处罚，达到规程规定要求。

在施工过程中，严格执行国网公司《机井通电典型设计》，全面应用“三通一标”工艺标准，确保工程工艺“一模一样”。抽调精兵强将组建施工项目部，明确建设任务和量、质、期要求，超前进行典设培训和工艺示范讲解，编制“一书一卡一册一明白书”（即《农网工程施工技术交底明白书》《柱上变压器施工工艺要点明白卡》《新农村农网工程建设标准工艺随身看图册》《农网工程标识安装明白书》），内容图文并茂，查询方便快捷，提升了施工工艺、工作效率和施工质量，确保了工程一次成优。先后建成全省机井通电、“中心村”及配网台架一体化3个示范项目。

为保证农村电网改造升级工程顺利推进，把这项惠民工程做好，供电公司积极与地方政府协商、沟通，并得到政府的强力支持，成立了以分管副县长为组长的电网建设工程领导小组，建立和完善了“政府领导，相关部门共同参与”的长效机制，积极开展政企合作，充分调动内外资源，保证了投资计划和改造工程按照时间节点顺利完成。与此同时，供电公司组织专业技术人员深入拟改造村庄调研摸底，全面普查电网状况和用电需求，按照“密布点、短半径、小容量、绝缘化”的建设思路，实现精准投资，缩短供电半径，有效提高供电质量。

该公司对机井工程采取联合管理，明确责任分工，由供电公司负责网架建设、台区运维，村集体实行井长制，配合机井管理。应用技术手段，按照“试点先行、重点安装、全面铺开”的原则，在17个台区19台配变试行安装防盗螺栓，有力保障设备、资产安全。强化用电宣传，利用村广播电台，开展安全用电、防盗宣传80余次，全面提升村民安全用电和保护电力设施的自觉意识。

三、建设成效

工程完工后，经济效益明显，以××镇××村为例，新上200kVA变压器一台，解决农灌面积386亩，减少农民浇地费用支出19.5元/(亩·月)，该台区所有用户减少支出7527元。全市396个新上台架投运后，预计减少农民支出每年达2656万元，有机蔬菜大棚、花卉种植、苗圃培育等关联项目预计增长每年每户1.09万元。

通过机井通电工程“前中后”三个环节把控，大力推行标准化设计、工厂化装配和机械化施工，全力确保物资供应，加强施工力量组织和工艺质量管控，确保机井通电任务上半年全面完成。

第六章　工程验收与后评估

工程验收是指依照国家有关法律、法规及工程建设规范、标准的规定完成工程设计文件要求和合同约定的各项内容，建设单位已取得政府有关主管部门出具的工程施工质量、消防、规划、环保、城建等验收文件或准许使用文件后，组织验收并编制完成《工程竣工验收报告》。

工程后评估是指在项目建成投产或投入使用后经过一定时间，对项目的运行情况进行系统、客观的评价，以确定项目建设目标是否达到，以检验项目是否合理有效，通常包括项目的技术性能评估和效益评估。

第一节　验收标准依据

农村电网改造升级工程验收要全方位检查工程设计、施工、设备等方面是否符合相关标准、合同要求，验收的标准和依据主要有以下几个方面：

（1）国家有关法律、法规、规章和技术标准。

（2）有关主管部门颁发的工程建设标准强制性条文。

（3）工程相关各专业设计规范、施工及验收技术规范和相关规程标准。

（4）经批准的工程立项文件、初步设计文件、调整概算文件。

（5）经审定的施工设计文件和图纸、设计变更文件和洽商。

（6）工程所用设备材料生产厂家提供的技术资料（含厂家技术资料、设备安装使用说明书、试验报告和合格证等）。

（7）工程建设合同文件、订货技术条件和相关协议。

（8）相关的反事故措施和安全生产措施。

（9）其他具有法律效力的经济文件，强制性规定。

前述9项验收依据内容全面，为概括性的规定。为便于了解掌握农村电网改造升级工程验收的具体标准，指导工程验收工作，特别收集了国家、行业及国网公司的相关标准，并按照工程设计、工程施工、设备材料三方面做了归类，包括《供配电系统设计规范》（GB 50052）、《油浸式电力变压器技术参数和要求》（GB/T 6451）、《电气装置安装工程质量检验及评定规程》（DL/T 5161.1～17）等，详见《工程竣工验收相关标准及使用说明》（附录一）。

第二节　工　程　验　收

工程验收可分为阶段性验收和竣工验收。

一、阶段性验收

（一）阶段性验收

阶段性验收也可称为中间验收，有两层基本含义。一是指施工过程中的工序间验收，也称为中间验收或隐蔽工程验收。比如土建工程支模、绑筋、混凝土，以及电缆接头安装、接地网埋设的验收。二是指对单项工程的验收，实质是单项工程的竣工验收。比如某工程涉及多条配电线路改造，对某条先期完成的线路进行验收，是工程的阶段性验收，也是该线路的竣工验收。

（二）主要验收内容

根据工程进度，应组织开展隐蔽工程（杆塔基础、电缆通道、站房等土建工程）及关键环节的中间验收。主要验收内容包括：

（1）材料合格证、材料检测报告、混凝土和砂浆的强度等级评定记录等验收资料应正确、完备。

（2）回填土前，基础结构及设备架构的施工工艺及质量应符合要求。

（3）杆塔组立前，基础应符合规定。

（4）接地极埋设覆土前，接地体连接处的焊接和防腐处理质量应符合要求。

（5）埋设的导管、接地引下线的品种、规格、位置、标高、弯度应符合要求。

（6）电力电缆及通道施工质量应符合要求。

（7）回填土夯实应符合要求。

（8）对重要客户外电源的电缆接头制作进行旁站验收，施工质量应符合要求。

（9）电缆井室、电缆隧道等地下构筑物的绑筋、接地、防水等重要环节应符合要求。

（10）配电站室夹层管口封堵、屋面应按照防汛要求刷防水涂料，屋顶坡度应满足防汛要求，站内排水措施应完善。

对验收中发现的问题应进行整改和复验，复验合格后方可进入下一道工序或下一个阶段的施工。

二、竣工验收

项目竣工后，建设单位会同设计、施工、监理、设备供应单位，对项目是否符合规划设计要求以及建筑施工和设备安装质量标准进行全面检验，取得竣工合格资料、数据和凭证的工作即是竣工验收。

竣工验收是建设投资成果转入生产或使用的标志，也是全面考核投资效益、检验设计和施工质量的重要环节，对发挥投资效果，总结建设经验有重要作用。

配网工程的实体建设周期短，易受恢复供电等限制，竣工验收与交接投产经常同步开展，一次完成。

（一）竣工验收条件

竣工验收应具备下述4个基本条件：

（1）工程实体按设计、按标准完成施工，完成三级检验（自检、互检、交接检），通过监理验收签字。

（2）按规定办理了相关质量监督手续。

（3）验收所需资料完整，经监理审核通过。

（4）无未处理施工缺陷。

（二）竣工验收职责分工

在竣工验收工作中，工程各建设及参建主体的主要职责扼要归类如下：

（1）建设单位工程组织人员（监理单位）：组织验收，现场监督、协调验收工作开展。

（2）工程承包单位：完成工程建设与自检，提供工程建设、设备安装调试等文件资料、质量检查及试验报告，负责设备及其资料、备品备件的清点造册、移交，安排专业人员配合开展验收工作。

（3）设计单位：检查工程施工是否符合设计要求。

（4）运行维护单位：组织各专业验收人员学习相关设计文件、施工图纸、调试报告、安装记录、设备说明书等技术资料，编制专业设备验收清单；负责设备的传动、检查，接收、审核设备、备品备件的资料。

（三）竣工验收内容

在竣工验收工作中，重点是检查工程建设是否按设计完全开展，工程建设质量是否满足标准要求，即建设数量和建设质量。主要包括以下 7 个方面：

（1）检查工程是否按照批准的设计完成工程量建设。

（2）检查工程在设计、施工、设备制造安装等方面的质量，以及相关资料收集、整理、归档情况。

（3）检查工程是否具备运行或进行下一阶段建设的条件。

（4）检查工程投资控制和资金使用情况。

（5）记录验收中发现的问题，安排解决，组织复验。

（6）记录验收遗留问题，明确责任单位及处置意见。

（7）对工程建设做出评价和结论。

（四）竣工验收程序

竣工验收程序的主线在工程承包单位、监理单位、建设单位间展开，由工程承包单位发起，至建设单位组织完成验收截止，工程设计单位、过程审计单位等应参与工程验收。

（1）工程承包单位完成三级自检，确认满足竣工验收条件后，向监理单位书面汇报。

（2）监理单位核验签证后，向建设单位提出竣工验收申请。

（3）建设单位组织相关单位和人员开展竣工验收工作。

急需恢复送电的配网建设改造项目，可以采用承包单位三检、运行单位验收同步进行的方式，以缩短停电时间。

工程竣工验收的基本流程如图 6－1 所示。

三、工程实体验收

按照工程竣工验收依据，对下列工程实体（包括但不限于）进行竣工验收工作，同步检查工程承包单位提交资料是否符合验收要求。

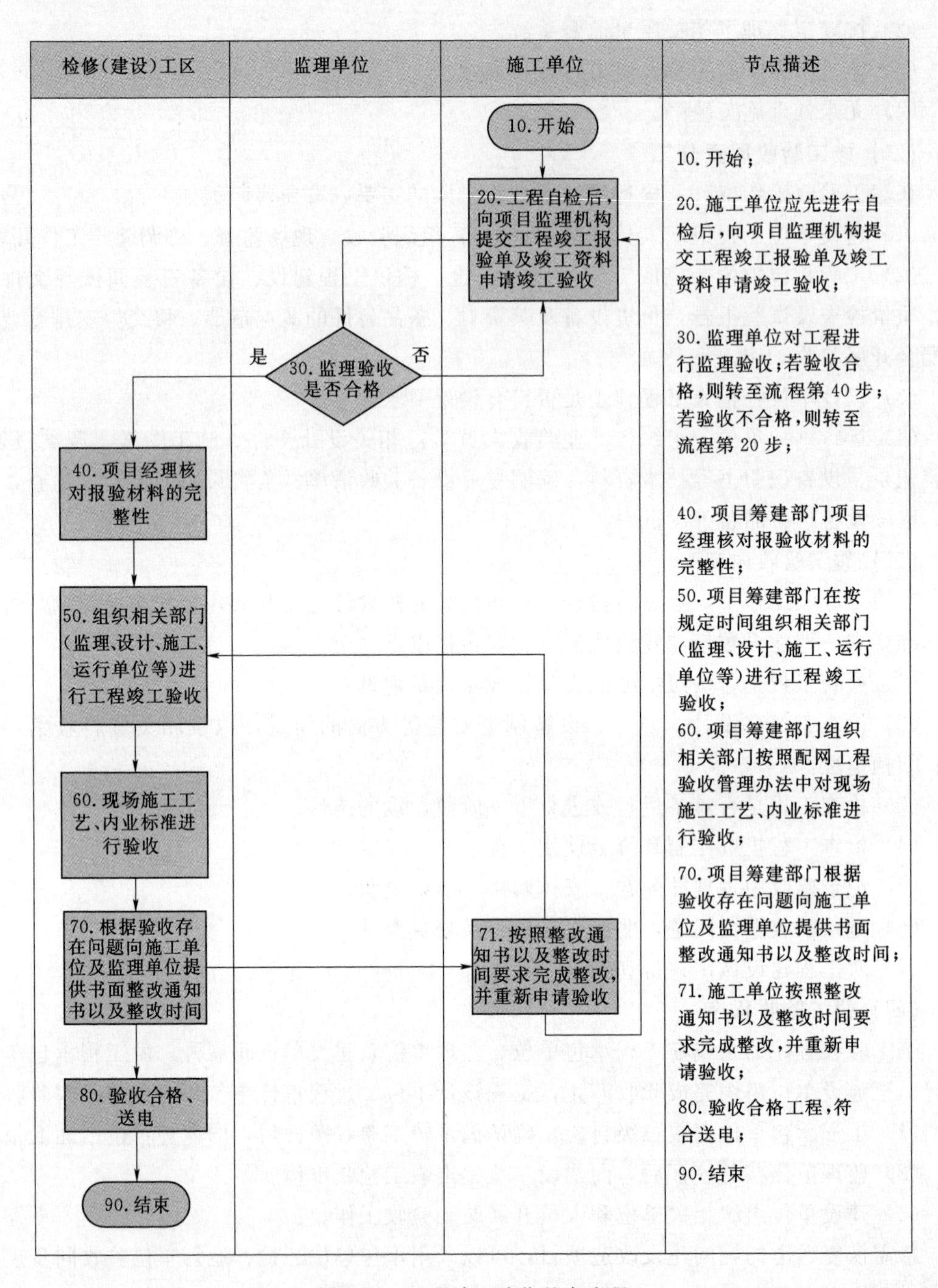

图6-1 工程竣工验收基本流程

(一) 配电站室

配电站室类工程主要验收开关站、环网单元、配电室、箱式变电站。土建验收主要包括：设备间楼板加固、槽钢埋设、接地网及接地电阻、站室建筑防水、防小动物，验收照明系统、通风系统、门禁及消防系统功能等；电气验收主要包括：配电变压器、中低压母线装置、中压开关柜（环网柜）、低压开关柜、无功补偿系统、防雷及接地系统，验收直流、保护、自投、配电自动化、电量计量与采集、光纤或无线通信、电气监测、环境监测等装置及系统。检查工程实体建设的数量与质量，应注意下述验收要点：

（1）设备及材料型号、规格是否符合设计要求，安装工艺是否符合标准。

（2）设备安装是否牢固、电气连接是否良好。

（3）电气接线是否正确。

（4）开关柜前后通道是否满足运维要求。

（5）开关柜操作机构是否灵活。

（6）开关柜仪器仪表指示、机械和电气指示是否良好。

（7）闭锁装置是否可靠、满足“五防”规定。

（8）接地装置是否符合规定，接地电阻是否合格。

（9）防小动物、防火、防水、防凝露、通风措施是否完好。

（10）构筑物土建是否满足设计要求及防汛要求。

（11）开关站、环网单元、配电室内外环境是否整洁。

（12）设备标识（站房标志牌、母线标识、开关设备标志牌、变压器标志牌、电容器标志牌、接地标识等）是否齐全，设置是否规范。

（13）安全标示是否齐全，设置是否符合安规要求。

（二）架空线路

架空线路类工程主要杆塔本体、杆塔基础、导线、拉线、绝缘子、金具、柱上配电变压器、无功补偿装置、柱上开关设备（含 TV 及熔断器）、高低压刀闸、线路调压器、防雷和接地装置、故障指示器、护管、标识标志牌、线路通道环境等。检查工程实体建设的数量与质量，应注意下述验收要点：

（1）型号、规格是否符合设计，安装工艺是否符合标准。

（2）设备安装是否牢固，电气连接是否良好。

（3）杆塔组立的各项误差是否超出允许范围。

（4）导线弧垂、相间距离、对地距离、交叉跨越距离及对建筑物接近距离是否符合规定。

（5）相位是否正确。

（6）接地装置是否符合规定，接地电阻是否合格。

（7）拉线制作和安装是否符合规定。

（8）线路通道沿线有无影响线路安全运行的树木、建筑物等障碍物。

（9）标识（线路名称、杆号牌、电压等级、变压器标识、开关、隔离开关标识、杆塔埋深标识等）是否齐全，设置是否规范。

（10）安全标示（“双电源”“高低压不同电源”“止步，高压危险！”“禁止攀登，高压危险”、拉线警示标志、电杆防撞警示标志、其他跨越鱼塘或风筝放飞点等外力易破坏处禁止或警告类标识牌、宣传告示等）是否齐全，设置是否规范。

（三）电缆线路

电缆线路类工程验收主要包括电缆和通道两部分。电缆主要验收电缆本体、电缆附件、接地装置、避雷器、固定金具卡具、线路铭牌、防外力标志标识、线路通道环境、分支箱等附属设备；电缆通道主要包括电缆支架、接地装置、防水、步道、平台、爬梯、集水坑、井盖、通风亭、照明、标志标识、外部环境等。检查工程实体建设的数量与质量，应注意以下验收要点：

（1）型号、规格应符合设计要求，安装工艺应符合标准要求，敷设应符合批准的位置。

（2）通道、附属设施应符合规定。

（3）防火、防水应符合设计要求，孔洞封堵应完好。

（4）电缆应无机械损伤，排列应整齐。

（5）电缆及附件的固定、弯曲半径、保护管安装等应符合规定。

（6）电气连接应良好，相位应正确。

（7）低压电缆分支箱、环网单元安装工艺应符合标准，箱内接线图应正确、完备。

（8）接地装置应符合规定，接地电阻应合格。

（9）各类标识（电缆标志牌、相位标识、路径标志牌、标桩等）应齐全，设置应规范。

（10）电缆敷设路径、接头位置是否与竣工图一致。

（11）电缆、设备到货检测试验是否合格。

（12）电缆、设备按交接试验规程完成试验，试验项目齐全，试验结果合格。

（四）自动化与通信

主要验收自动化终端（DTU、FTU、TTU 等）的功能、当地及远方动作情况，光纤敷设情况和 OLT、ONU、ODN 等光通信设备设施使用功能，无线通信系统的开通与信号情况等。检查工程实体建设的数量与质量，应注意以下验收要点：

（1）型号、规格、安装工艺应符合相关标准。

（2）终端设备传动测试（各指示灯信号、遥信位置、遥测数据、遥控操作、通信等）应符合公司相关标准。

（3）终端装置的参数、定值设定及现场调试传动正确。

（4）通信线路、通信设备验收合格，测试正常。

（5）二次端子排接线应牢固，二次接线标识应清晰正确。

（6）交直流电源、蓄电池电压、浮充电流应正常，蓄电池应无渗液、老化。

（7）机箱应无锈蚀、缺损。

（8）接地装置应符合规定，接地电阻应合格。

（9）防小动物、防火、防水、防潮、通风措施应完好。

（10）各类标识标示（终端设备标志牌、附属设备标志牌、控制箱和端子箱标志牌、低压电源箱标志牌等）应齐全，设置应规范。

（11）同步建设有配电设备设施及环境系统在线检测、检测系统的，需检查系统器件、功能情况，信号上传后台系统情况等。

（五）验收记录

与验收同步，需将验收对象及验收结果填写到验收记录中，通常称为工程质量检验评定表，分专业示例如下。

1. 配电站室

涉及高压开关柜、配电变压器、盘柜基础、接地装置、母线、蓄电池、二次回路等设备设施的验收，以干式变压器安装为例，示例见表 6－1。

表 6－1　　　　干式变压器安装分项工程质量检验评定表

工序	检验项目		质量标准	质量检验结果
设备检查	外壳及附件	铭牌及接线图标志	齐全清晰	
		附件清点	齐全	
		绝缘子外观	光滑，无裂纹	
	铁芯检查	外观检查	无碰伤变形	
		铁芯紧固件检查	紧固，无松动	
		铁芯接地	一点接地	
	绕组检查	绕组接线检查	牢固正确	
		表面检查	无放电痕迹及裂纹	
	引出线	绝缘层	无损伤、裂纹	
		裸露导体外观	无毛刺尖角	
		裸导体相间及对地距离	按 GBJ 149 规定	
		防松件	齐全、完好	
		引线支架	固定牢固、无损伤	
本体附件安装	本体固定		牢固、可靠	
	温控装置		动作可靠，指示正确	
	风机系统		牢固，转向正确	
	相色标志		齐全、正确	
接地	外壳接地		牢固、导通良好	
	本体接地		牢固、导通良好	
	温控器接地		用软导线可靠接地，且导通良好	
	风机接地		用软导线可靠接地，且导通良好	
	开启门接地		用软铜导线可靠接地，且导通良好	
施工单位：				
验收结论：				

质检机构	分项工程质量检验评定	签　　名
监理		年　月　日
运行		年　月　日
运检部		年　月　日

2. 架空线路

涉及杆塔、导线、横担、金具、绝缘子、拉线、柱上开关、柱上变台、避雷器与接地等设备设施的验收，以电杆安装为例，示例见表 6-2。

表 6-2　　电杆安装分项工程质量检验评定表

工序	检验项目		质量标准	质量检验结果（杆号及内容）
杆身检查	杆身横向、纵向裂纹		符合规程要求	
标记检查	电杆规格		永久标记含制造厂名或商标、载荷级别、3m 标记线、类型等	
杆基定位	直线杆	顺线路方向位移	3%	
		横线路方向位移	≤50mm	
	转角杆、分支杆位移		≤50mm	
电杆埋深	杆坑回填并夯实		-50～100mm	
底盘卡盘	设置合理性、正确性		土壤松软设置底盘，直线杆卡盘左右交替、承力杆设在导线拉力侧	
立杆	直线杆	横向位移	≤50mm	
		倾斜度	≤1/2 杆梢直径	
	转角杆	倾斜度向内角	不允许	
		倾斜度向外角	顶端位移不大于杆梢直径	
	终端杆	向承力侧	不允许	
		向拉线侧（预偏值）	顶端位移不大于杆梢直径	
	双杆	直线杆横向位移	≤50mm	
		迈步	≤30mm	
		两杆高低差	≤20mm	
		跟开	≤±30mm	
施工单位：				
验收结论：				

质检机构	分项工程质量检验评定	签　　名
监理		年　月　日
运行		年　月　日
工程组织部门		年　月　日
运检部		年　月　日

3. 电缆线路

涉及电缆通道、电缆敷设、附件安装、环网柜、电缆分支箱等设备设施的验收，以电缆通道的中间验收为例，示例见表 6-3。

表 6-3 **电缆通道中间检验评定表**

检查项目	检 查 内 容	检查结论
工程主要用材	主材出厂合格证、试验报告验收	
工程质量控制资料	1）原材料合格证、进场检验记录和复试报告； 2）隐蔽工程验收记录、施工记录	
明挖法电力隧道	1）沟槽开挖质量； 2）钢筋加工、绑扎及安装质量； 3）模板支立质量； 4）混凝土抗压强度； 5）混凝土保护层厚度	
浅埋暗挖法电力隧道	1）竖井锁口圈梁钢筋绑扎质量；钢格栅制作质量，拼装问题；初期衬砌厚度，背后孔洞； 2）二次衬砌钢筋绑扎及安装质量； 3）混凝土保护层厚度	
盾构法、顶管法电力隧道	1）管片制作质量； 2）管片拼装质量； 3）隧道渗漏水情况	
电力管井	1）沟槽开挖质量； 2）钢筋加工、绑扎及安装质量； 3）模板支立质量； 4）混凝土抗压强度； 5）埋管贯通质量	
防水工程	1）防水层铺贴质量； 2）止水带安装质量； 3）成型管道渗漏水情况	
附属设施工程	1）电力井盖材质、尺寸、功能、外观； 2）电力金具（含电力支架、竖井平台、预埋螺栓、预埋质量）； 3）接地极及接地线材质、尺寸、功能、外观； 4）监控井盖； 5）防火槽盒； 6）照明、机械通风，机械排水	
施工单位：		
验收结论：		
质检机构	分项工程质量检验评定	签 名
监理		年 月 日
运行		年 月 日
运检部		年 月 日

4. 自动化与通信

涉及自动化终端、通信光缆与光通信设备（或无线通信设备）的验收，以 DTU 为例，示例见表6-4。

表6-4　　DTU验收记录单

1. 设备基础信息				
站室名称				验收日期
验收人员：				所属单位：
设备台账	DTU	厂家：	型号：	生产日期：
	通信设备	厂家：	型号：	生产日期：
	开关柜	厂家：	型号：	生产日期：
	SIM卡	电话号：		IMEI（可选）：
	10kV相间TA	型号：		变比：
		……		……
	10kV零序TA	型号：		变比：
		……		……
	0.4kV母线TA	型号：		变比：
	0.4kV出线TA	型号：		变比：
		……		……
	蓄电池	厂家：	型号：	生产日期：
2. 电源验收				
开关站□ 配电室□ 环网单元□ 箱变□ 电缆分界室□ 其他		电缆标识 正确□ 错误□	零/火线搭接正确□ 错误□	备注：
3. 运行工况检查				
整体检查	装置外观	无问题□ 存在问题□		备注：
	二次回路及整体绝缘检查	无问题□ 存在问题□		备注：
工作电源（交流）	装置电源	空开容量：	标识正确□ 错误□	备注：
	电池电源	空开容量：	标识正确□ 错误□	备注：
	电操电源	空开容量：	标识正确□ 错误□	备注：
	通信电源	空开容量：	标识正确□ 错误□	备注：
	电源模块	容量：	备注：	

续表

<table>
<tr><td rowspan="3">无线通信</td><td>信号放大器：
有□
无□</td><td>专用且设备电源与DTU取电
相同□
公用□</td><td>安装位置：
站内□
站外□</td><td colspan="2">备注：</td></tr>
<tr><td>天线</td><td>增益天线□
普通□</td><td>户外□
室内□
柜内□
有屏蔽或干扰□</td><td colspan="2">备注：</td></tr>
<tr><td>天线安装位置
信号强度</td><td colspan="2">______ asu</td><td colspan="2">备注：</td></tr>
<tr><td rowspan="2">光纤通信</td><td>网线</td><td>应为超五类屏蔽双绞线：
是□
否□</td><td>应走线规范：
无问题□
存在问题□</td><td colspan="2">备注：</td></tr>
<tr><td>交换机</td><td>电源取自DTU□
独立电源□</td><td>指示
正常闪亮□
异常□</td><td colspan="2">备注：</td></tr>
<tr><td>二次电缆</td><td>电流回路</td><td>2.5mm²□
其他□</td><td>电压（遥信）回路</td><td>1.5mm²□
其他□</td><td>备注：</td></tr>
<tr><td>分/合闸回路压板</td><td colspan="2">共用□
分别使用□</td><td colspan="3">备注：（分/合闸回路应共用同一压板）</td></tr>
<tr><td colspan="6">4. 定值及参数</td></tr>
<tr><td rowspan="3">保护定值</td><td>架空混网</td><td colspan="2">相间：
零序：</td><td colspan="2">备注：</td></tr>
<tr><td>变电站电缆网</td><td colspan="2">相间：
零序：</td><td colspan="2">备注：</td></tr>
<tr><td>开关站电缆网</td><td colspan="2">相间：
零序：</td><td colspan="2">备注：</td></tr>
<tr><td rowspan="6">软件设置</td><td>故障指示自动复归时间</td><td colspan="2">小时数：</td><td colspan="2">备注：</td></tr>
<tr><td>电池活化周期</td><td colspan="2">天数：</td><td colspan="2">备注：</td></tr>
<tr><td>变化遥测门限</td><td colspan="2">电压门限值应设为： V
电流门限值应设为： A</td><td colspan="2">备注：</td></tr>
<tr><td>DTU软件版本</td><td colspan="2">版本号：</td><td colspan="2">备注：</td></tr>
<tr><td>保护管理机软件版本</td><td colspan="2">版本号：</td><td colspan="2">其他：</td></tr>
<tr><td>无线通信模块加密方式（与主站核对）</td><td colspan="2">硬加密□
软加密□
未加密□</td><td colspan="2">备注：</td></tr>
<tr><td colspan="6">5. 发电前工况检查</td></tr>
<tr><td>远方/就地手柄（按钮）</td><td>DTU</td><td>处于远方状态□
处于就地状态□</td><td>开关柜各间隔（除备用间隔）</td><td colspan="2">处于远方状态□
处于就地状态□</td></tr>
</table>

续表

分/合回路压板	各间隔分/合闸回路均投入运行□ 各间隔压板标识均清晰明确□			备注：
电源空开	装置电源	投入□ 退出□	标识正确□ 错误□	备注：
	电池电源	投入□ 退出□	标识正确□ 错误□	备注：
	电操电源	投入□ 退出□	标识正确□ 错误□	备注：
	通信电源	投入□ 退出□	标识正确□ 错误□	备注：
	外部电源	PT空开 投入□ 退出□	低压仓空开 投入□ 退出□	备注：
验收结论				
合格□不合格□ 备注： 负责人签字：				

注意：此表格仅作为示例使用，可结合具体情况更改。

如需要进一步了解配电各专业的施工工艺及验收标准，可扫描二维码（此处设置二维码，扫描后即调出“国家电网公司配电网施工工艺及验收标准”）。

四、资料验收归档

1．资料验收

随工程实体验收，应进行工程建设资料验收，主要包括以下内容：

（1）竣工图（电气、土建）应与审定批复的设计施工图、设计变更（联系）单一致。

（2）施工记录与工艺流程应按照有关规程、规范执行。

（3）有关批准文件、设计文件、设计变更（联系）单、试验（测试）报告、调试报告、设备技术资料（技术图纸、设备合格证、使用说明书等）、设备到货验收记录、中间验收记录、监理报告等资料应正确、完备。

（4）电缆专业还应包括电缆敷设记录、电缆接头安装记录、隐蔽工程记录、土建验收单、管线测绘资料。

（5）需要移交资产的项目还应有资产移交清单。

（6）批准文件应包括建设规划许可证，规划部门对于线路路径的批复文件，施工许可证，设备、电缆（通道）沿线施工与有关单位签署的各种协议。

（7）试验报告应包括主要材料、设备出厂试验报告、到货检测报告、设备保护装置调试报告、交接试验报告和电缆振荡波局放检测试验报告。

2．资料移交归档

工程承包单位负责按工程建设档案管理要求将资料整理有序，经过监理审核后，由建设单位（或委托监理单位）将资料移交运行维护单位。

建设单位要按照国家、地方政府及本单位相关规定，将工程有关资料归档保存。

第三节 工 程 结 算

工程结算又称为工程价款结算，是指承包方按照承包合同和已完工程量向发包方（建设单位）办理工程价清算的经济活动。工程建设周期长，耗用资金数大，为使施工企业在施工中耗用的资金及时得到补偿，需要对工程价款进行预付款结算、进度款结算，全部工程竣工验收后应进行竣工结算。

财政部颁发的《建设工程价款结算暂行办法》（财建〔2004〕369号）是发、承包双方开展工程结算工作的基本依据。

通常规定，建设单位应在农村电网改造升级工程竣工后的3个月内完成工程结算，在工程结算完成后的1个月内完成工程竣工决算。

一、工程结算意义

工程结算是反映工程进度的主要指标。在施工过程中，工程结算的依据之一就是按照已完的工程进行结算，根据累计已结算的工程价款占合同总价款的比例，能够近似反映出工程的进度情况，有利于发、承包双方协同推进工程建设。

工程结算是加速资金周转的重要环节。施工单位尽快尽早地结算工程款，有利于偿还债务、回笼资金，降低内部运营成本。通过加速资金周转，提高资金的使用效率。

工程结算是考核经济效益的重要指标。对于施工单位来说，只有工程款如数地结清，才意味着避免了经营风险，才能够获得相应的利润，进而达到良好的经济效益；对于建设单位来说，按期及时支付工程款是项目管理是否到位的表现，也有利于更好地安排建设资金、降低财务费用。

二、工程结算方式

工程结算通常可分为定期结算（按月）和分段结算两种方式。

农村电网改造升级工程难以像建筑工程一样有较齐整的施工进度，故多采用分段结算方式，即按照工程形象进度划分不同阶段支付工程进度款。通常，工程结算阶段分为工程预付款、工程进度款和工程竣工结算。

在符合规定的情况下，发包、承包双方可以在合同中约定其他结算方式。比如，对于工期短、设备材料由发包方提供的工程，承发包方在建设过程中支付的资金相对较少，双方可约定采用工程竣工后一次性结算的方式。

三、工程结算依据

工程结算的主要依据是发、承包双方签订的建设项目合同、补充协议、设计变更、计划调整、施工现场签证，以及经双方认可的其他有效文件。

工程量、计价标准、支付时限、支付方式是工程结算的基本要素。发、承包双方在合同中应约定以下工程结算内容：

（1）工程预付款的支付数额、时限、抵扣方式。

（2）工程进度款的支付方式、数额、时限。

（3）工程竣工结算价款的支付方式、数额、时限。

（4）工程变更的价款调整方法、索赔方式、时限要求、金额、支付方式。

（5）约定承担风险的范围、幅度，超出约定范围和幅度的调整方法。

（6）安全措施和意外伤害保险费用。

（7）工期以及工期提前（延后）的奖惩办法。

（8）发生工程价款纠纷的解决办法。

（9）与履行合同、支付价款相关的担保事项。

（10）完成项目审计或审计后的计划调整。

对于以电网企业为投资主体的农村电网改造升级工程，如：国家电网公司要求以国家能源局颁布的《20kV及以下配电网工程预算定额》为工程项目计价标准。

对于地方政府、用电客户等非电网企业为投资主体的农村电网改造升级工程，如：发、承包双方多以地方建设主管部门颁布的工程项目建设定额作为工程项目计价标准。

四、工程结算过程

工程结算与工程施工进度匹配是一种可取的工程结算方式。以工程结算为抓手，有利于发、承包双方检查、确认、推进工程建设，因为结算本身就是对工程建设量的一种价值计量。下面以分段结算与支付为例，简述工程结算过程及有关要求。

（一）工程预付款

为保证工程顺利开工，承包方需要为项目准备施工所需的人员、设备、材料等，需要一定的准备资金。在工程承包合同中，发、承包双方要明确规定开工前发包人要拨付给承包人一定额度的工程款项，作为工程预付款。《建设工程价款结算暂行办法》对工程预付款有以下几方面的规定。

1. 价款比例

包工包料工程的预付款按合同约定拨付，原则上预付比例不低于合同金额的10%，不高于合同金额的30%，对重大工程项目，按年度工程计划逐年预付。计价执行《建设工程工程量清单计价规范》（GB 50500）的工程，实体性消耗和非实体性消耗部分应在合同中分别约定预付款比例。

2. 支付期限

在具备施工条件的前提下，发包人应在双方签订合同后的一个月内或不迟于约定的开工日期前的7天内预付工程款，发包人不按约定预付，承包人应在预付时间到期后10天内向发包人发出要求预付的通知，发包人收到通知后仍不按要求预付，承包人可在发出通知14天后停止施工，发包人应从约定应付之日起向承包人支付应付款的利息（利率按同期银行贷款利率计），并承担违约责任。

3. 抵扣规定

预付的工程款必须在合同中约定抵扣方式，并在工程进度款中进行抵扣。

4. 禁止事项

凡是没有签订合同或不具备施工条件的工程，发包人不得预付工程款，不得以预付款为名转移资金。

（二）工程进度款

工程进度款是指发包方按照合同约定，根据工程建设进度向承包方支付的建设工程价款，俗称“中间结算”。工程进度款结算额度应与工程建设量保持一致，由承包方提出并经发包方审核、支付。

1. 工程量计算

承包人应当按照合同约定的方法和时间，向发包人提交已完工程量的报告。发包人接到报告后14天内核实已完工程量，并在核实前1天通知承包人，承包人应提供条件并派人参加核实，承包人收到通知后不参加核实，以发包人核实的工程量作为工程价款支付的依据。发包人不按约定时间通知承包人，致使承包人未能参加核实，核实结果无效。

发包人收到承包人报告后14天内未核实完工程量，从第15天起，承包人报告的工程量即视为被确认，作为工程价款支付的依据，双方合同另有约定的，按合同执行。

对承包人超出设计图纸（含设计变更）范围和因承包人原因造成返工的工程量，发包人不予计量。

2. 支付比例

根据确定的工程计量结果，承包人向发包人提出支付工程进度款申请。14天内，发包人应按工程价款的60%～90%向承包人支付工程进度款。按约定时间发包人应扣回的预付款，与工程进度款同期结算抵扣。

3. 支付期限

发包人超过约定的支付时间不支付工程进度款，承包人应及时向发包人发出要求付款的通知，发包人收到承包人通知后仍不能按要求付款，可与承包人协商签订延期付款协议，经承包人同意后可延期支付，协议应明确延期支付的时间和从工程计量结果确认后第15天起计算应付款的利息（利率按同期银行贷款利率计）。

4. 违约责任

发包人不按合同约定支付工程进度款，双方又未达成延期付款协议，导致施工无法进行，承包人可停止施工，由发包人承担违约责任。

（三）工程竣工结算

工程完工后，发、承包双方应按照约定的合同价款及合同价款调整内容以及索赔事项，进行工程竣工结算。

工程竣工结算分为单位工程竣工结算、单项工程竣工结算和建设项目竣工总结算。

1. 结算资料编审

单位工程竣工结算由承包人编制，发包人审查；实行总承包的工程，由具体承包人编制，在总包人审查的基础上，发包人审查。

单项工程竣工结算或建设项目竣工总结算由总（承）包人编制，发包人可直接进行审查，也可以委托具有相应资质的工程造价咨询机构进行审查。政府投资项目，由同级财政部门审查。单项工程竣工结算或建设项目竣工总结算经发、承包人签字盖章后有效。

承包人应在合同约定期限内完成项目竣工结算编制工作，未在规定期限内完成的并且提不出正当理由延期的，责任自负。

2. 审查期限

单项工程竣工后，承包人应在提交竣工验收报告的同时，向发包人递交竣工结算报告及完整的结算资料，发包人应按表6-5规定时限进行核对（审查）并提出审查意见。

表6-5 核对（审查）规定时限

序号	工程竣工结算报告金额	审查时间
1	500万元以下	接到竣工结算报告和完整竣工结算资料之日起20天
2	500万～2000万元	接到竣工结算报告和完整竣工结算资料之日起30天
3	2000万～5000万元	接到竣工结算报告和完整竣工结算资料之日起45天
4	5000万元以上	接到竣工结算报告和完整竣工结算资料之日起60天

建设项目竣工总结算在最后一个单项工程竣工结算审查确认后15天内汇总，送发包人后30天内审查完成。

3. 工程竣工价款结算

发包人收到承包人递交的竣工结算报告及完整的结算资料后，应按《建设工程价款结算暂行办法》（财建〔2004〕369号）规定的期限（合同约定有期限的，从其约定）进行核实，给予确认或者提出修改意见。发包人根据确认的竣工结算报告向承包人支付工程竣工结算价款，保留5%左右的质量保证（保修）金，待工程交付使用一年质保期到期后清算（合同另有约定的，从其约定），质保期内如有返修，发生费用应在质量保证（保修）金内扣除。

4. 索赔价款结算

发、承包人未能按合同约定履行自己的各项义务或发生错误，给另一方造成经济损失的，由受损方按合同约定提出索赔，索赔金额按合同约定支付。

5. 合同以外零星项目工程价款结算

发包人要求承包人完成合同以外零星项目，承包人应在接受发包人要求的7天内就用工数量和单价、机械台班数量和单价、使用材料和金额等向发包人提出施工签证，发包人签证后施工，如发包人未签证，承包人施工后发生争议的，责任由承包人自负。

五、工程结算要点

工程结算的要点主要包括工作原则、价款认定、费用变化处理和结算资料复核4个部分。

1. 主要工作原则

（1）项目法人单位可委托项目建设管理单位负责项目结算管理，各级技经管理机构具体负责建设过程中技经管理、组织协调工程结算，编制结算报告，也可通过招标委托造价咨询单位承担工程造价结算任务。

（2）工程结算双方应当遵循合法、平等、诚信的原则，并自觉遵守国家法律、法规和政策，在工程竣工投运后及时进行工程价款结算。

（3）项目法人单位应严格把握设计变更发生数量，严格控制费用支出，技经人员要合理确定各项变更和签证的费用计算、取费标准，确保工程结算费用控制在批准概算之内。

（4）项目法人单位应高度重视工程结算工作，在项目竣工投产后及时完成结算总报告，并对工程建设管理、安全、进度等作出简要说明，对工程项目实施中概算执行、投资控制、资金运用等情况进行简要的技术经济分析，工程结算经第三方造价咨询机构审定后执行。

2. 价款主要认定方式

价款认定的主要依据是各类合同及合同执行过程中经有效认证的合同变更。

（1）通过招标确定的设备、材料供应项目，依据中标价及合同规定金额直接支付项目款。

（2）投标单位的中标价及按合同规定可调整过的部分金额。

（3）承包人编制并经发、承包人协商审定的工程竣工结算书。

（4）审定的预（概）算加工程量变动引起的费用增减和特殊施工措施费。

3. 费用变化处理

设计变更和签证引起的费用变化，均按规定的审批权限和程序逐级报批，如果单项工程变更费用与签订合同费用之和超过批准概算，则要将变更预算报项目法人单位审批后方可进行结算。

4. 结算资料复核

结算资料复核涉及各结算主体的资金与资料，复核的重点是量、价、凭证及其有效性。

（1）设备招标采购、设备代办、设备代订的数量、价格、总费用。

（2）施工合同费用、变更费用、现场签证费用及其他费用。

（3）设计、监理、技术服务、特殊试验、设备监造等的合同和费用。

（4）外委工程合同执行情况及费用。

（5）变更和签证预算中材料价格、人工单价、机械单价、定额套用、取费费率等的合理性和准确性。

（6）工程合同中标价与结算价是否一致，是否严格执行合同中约定的优惠比例和适用范围。

六、结算争议处理

1. 处理方式

当事人一方对报告有异议的，可对工程结算中有异议部分，向有关部门申请咨询后协商处理，若不能达成一致的，双方可按合同约定的争议或纠纷解决程序办理。

2. 质量争议

发包人对工程质量有异议，已竣工验收或已竣工未验收但实际投入使用的工程，其质量争议按该工程保修合同执行；已竣工未验收且未实际投入使用的工程，以及停工、停建工程的质量争议，应当暂缓办理有争议部分的竣工结算，双方可就有争议的工程委托有资质的检测鉴定机构进行检测，根据检测结果确定解决方案，或按工程质量监督机构的处理决定执行，其余部分的竣工结算依照约定办理。

3. 合同争议

发生工程造价合同纠纷时，可通过3种办法解决：双方协商确定；按合同条款约定的办法提请调解；向有关仲裁机构申请仲裁或向人民法院起诉。

七、办理竣工结算

为便于理解工程结算工作过程，以开展最多、工作量最大的有工程监理的农村电网改造升级工程的竣工结算为例，主要流程包括下述几个方面。

1. 竣工付款申请

(1) 承包人：工程竣工验收签证书颁发后，10个工作日内向监理人提交3份竣工付款申请单及竣工结算资料。

(2) 监理人：审核竣工付款申请单，督促承包人修正、补充资料。

(3) 竣工付款申请单：包括竣工结算合同价格、已支付工程价款、应扣留工程质保金、应支付竣工付款金额、索赔清单及索赔费用、由发包人提供的剩余材料/设备实物清单等。

2. 竣工付款审核

(1) 监理人：在14天内审核竣工付款申请单，明确审核意见，一并提交发包人。

(2) 发包人：在14天内审核竣工付款申请单，以及监理审核意见。

(3) 中介机构：对竣工结算进行审核或审计。

(4) 监理人：依据审核或审计结论，向承包人出具经发包人签认的竣工付款证书。

(5) 发包人：收到竣工付款证书后，14天内与承包人签订合同补充协议调整价款，待承包人提供含税工程价款全额发票后30天内将应付款给承包人。

(6) 承包人：如对竣工付款证书有异议的，应在收到后的7天内提出异议。

3. 支付工程款

(1) 工程管理部门提报月度资金支付计划。

(2) 在ERP系统完成"服务确认"操作，填写"××电力公司（工程建设单位）资本项目支出审批表"，完成各级领导审核、签署。

4. 最终结清

(1) 承包人：缺陷责任期终止证书签发后，在15天内向监理人提交3份最终结清申请单，以及相关证明材料。

(2) 监理人：在14天内审核最终结清申请单，提出发包人应支付给承包人的价款，送发包人审核，并抄送承包人。

(3) 发包人：在14天内审核完毕。

(4) 监理人：向承包人出具经发包人签认的最终结清证书，列明发包人应最终支付的款额；确认发包人应支付全部款额、已支付款额，以及发包人还应支付的款额（例如，承包人还应支付给发包人的款额）。

(5) 最终结清证书复印件交承包人。

第四节　项 目 后 评 估

项目后评估源于项目评估，是一个与时间相关的相对性概念。项目评估又称为工程建设项目评估，是指在可行性研究的基础上，对拟投资建设项目的建设方案、设计、计划进行全面的技术经济论证和评价，从而确定工程建设项目合理性、经济性、必要性的工作过程。

项目后评估是项目评估的一种方式，是在项目建成投产后对项目开展的评估工作，通过对建设项目的投资决策、建设管理过程、技术经济效果等进行全面回顾，总结提炼存在的问题及工作经验，促进建设单位提升项目投资决策、建设管理等各方面工作。

农村电网升级改造项目除特殊要求外，一般应组织项目建设的后评估，目的就是提高工程建设的合理性、经济性和必要性，重点是为保证其投资效益。

一、项目后评估的原则

开展项目后评估工作应遵循以下基本原则：

（1）客观、科学、公正的原则。

（2）综合评价、比较择优的原则。

（3）项目之间的可比性原则。

（4）定量分析与定性分析相结合的原则。

（5）技术分析和经济分析相结合的原则。

（6）微观效益分析与宏观效益分析相结合的原则。

二、项目后评估内容

项目后评估的工作范围很大，简要归纳，主要包括项目建设必要性评估、建设管理过程评估、技术与效果评估、经济效益评估4个部分。

1. 项目建设必要性评估

要考虑到农村电网改造升级工程所处的外部环境、条件等变换很快，所以在项目建成投产后，再回头评估建设的必要性，不是为了追究责任，而是为了积累经验，吸取教训。

建设必要性评估主要包括：是否与区域配网发展规划相符，是否符合项目立项（技术）原则，是否有更好可替代的建设方案，项目建设时点的选择是否合适，可否通过设备修理、运行方式调整等非工程措施，等等。比如在待拆迁区或可能拆迁区，面对线路重载问题，项目建设时点与非工程措施两者的衡量就很有意义。

2. 项目建设管理过程评估

收集工程项目建设过程中的各项资料，回顾整个建设管理过程，检查项目建设在技术标准落实、典型设计与标准物料应用、退役设备管理情况，检查项目建设在工程安全、工程质量、工程进度、工程资金管理以及招投标等各项手续办理情况，有利于查找工程建设管理工作中的优点及薄弱环节，可为存在的问题寻找弥补的办法，更可为后续工程建设管理提供宝贵的经验。

目前，随工程建设进行过程审计是一种内部通行的做法。从工程设计到工程竣工结算，通过第三方审计机构的介入，协助建设单位做好工程项目建设的各项过程管理，有助于降低管理风险，规范工程管理。

3. 项目技术与效果评估

通常，项目的技术评估包括：采用的工艺、技术、设备在经济合理条件下是否先进适用，是否符合技术发展政策，是否注意节约能源和原材料以获得最大效益；各专业的技术、设备是否匹配，是否满足专业融合发展要求；新工艺与设备是否经过科学试验和鉴定，具备推广应用价值；项目建设技术方案是否经过综合评价及优选。

当前，配网建设改造要采用典型设计、选用标准物料，试点建设项目统一安排。因此，开展前述技术评估的重点应放在建设技术方案的综合评价与优选上。

建设技术效果评估要与项目可行性研究报告结合进行，即在项目建成投产后，通过对配网线路设备实际运行情况的掌握，反观当初项目建设所考虑的技术目标是否达成。目前，农村电网改造升级工程的技术目标已统一为8个类别，见表6-6。

表6-6　农村电网改造升级工程目标

序号	分类	示例
1	提升电网安全稳定水平	构建电缆单/双环网，增加架空联络等
2	提升设备健康水平	更换油缆、油开关等技术淘汰型设备
3	提升电网输送能力	更换线路“卡脖子”元件、新建线路等
4	提升电网经济运行水平	更换高损变、农村地区安装非晶变等
5	提升电网智能化水平	自动化建设、台区采集、智能监控等
6	提升电网环保水平	配变噪声超标投诉改造等
7	提升电网抵御自然灾害能力水平	低洼地段设备迁移，加装防汛设施等
8	其他	

农村电网改造升级工程比较简单，配电线路、设备的运行方式也比较简洁，因此对于直接体现在电网实时运行指标的技术效果，其评估简便易行。比如，在建设有配电自动化及完成台区采集的地区，线路及设备的运行数据易于获取，比较建设前后的电流、电压、负载等运行数据，即可客观地评价电网安全稳定水平、输送能力、经济运行水平等技术效果。

但是，对于设备健康、抵御自然灾害能力的技术效果评价，需要结合运行故障的分析，短时间却不易评价。而对于电网环保、智能化水平等，在有全网目标的情况下，其技术效果评价一般体现在覆盖率等比率类指标中。

4. 经济效益评估

评估项目的经济性，经常采用横向（同期同类项目）或纵向（历史同类项目）对比的方式，需要搜集项目基础数据包括：

（1）工程实体建设规模、总投资。

（2）单户容量、单位容量造价、单公里建设造价等各项技术经济指标。

（3）扩容增供数据估算。

（4）撤旧物资处置。

横向对比用在项目可研决策阶段也是确定项目实施先后顺序的好方法。不同专业，可采用表 6-7～表 6-9 搜集基础数据，进行比较选择。

表 6-7　配电站室建设改造工程规模及主要技术经济指标

工程名称		站址	
简述改造规模		批准概算	
		开工日期	
10kV 开关柜	面	竣工日期	
变压器容量	台×　　容量	投产日期	
其他			

表 6-8　架空线路建设改造工程规模及主要技术经济指标

工程名称			
电压等级			
起止点			
工程批准概算		单位造价	
开工日期		竣工日期	
主要杆塔型式		投产日期	
导线型号		地线型号	
线路长度	线路总长：　　km 其中：双回路　　km；单回　　km		
实际完成主要工程量： 土石方量　　m^3　混凝土量　　m^3 基础基数总计基 其中：一般基础基岩石基础基 掏挖基础基预制基础基 灌注桩基 杆塔基数基接地基数基 架线长度　　km　大跨越处 线路拆迁建筑物　　m^2			

表 6-9　电缆线路建设改造工程规模及主要技术经济指标

工程名称			
电压等级			
起止点			
工程批准概算		竣工日期	
开工日期		投产日期	
电缆型号		中间接头/个	
终端接头/个			
电缆长度	线路总长：　　km 其中：双回路　　km；单回　　km		
实际完成主要工程量：			

对于大型建设工程项目，除项目经济性评价外，通常还要开展国民经济效益评价。农村电网改造升级工程相对简单，一般不进行这项评价。

三、项目后评估方法

1. 费用效益分析法

主要是比较为项目所支出的社会费用（即国家和社会为项目所付出的代价）和项目对社会所提供的效益，评估项目建成后将对社会做出的程度。最重要的原则是项目的总收入必须超过总费用，即效益与费用之比必须大于1。

2. 成本效用分析法

效用包括效能、质量、使用价值、受益等，这些标准常常无法用数量衡量评价，且不具可比性，因此，评价效用的标准很难用绝对值表示。成本效用分析法主要是分析效用的单位成本，即为获得一定的效用而必需耗费的成本，以及节约的成本，即分析净效益。若有功能或效益相同的多个方案，应选用单位成本最低者。

成本效用分析有三种情况：

（1）当成本相同时，应选择效用高的方案。

（2）当效用相同时，应选择成本低的方案。

（3）当效用提高而成本成加大时，应选择增加单位效益而追加成本低的方案。

3. 多目标系统分析法

若项目具有多种用途，很难将其按用途分解单独分析，这种情况下应采用多目标系统分析法，即从整体角度分析项目的效用与成本，效益与费用，计算出净收益和成本效用比。

四、项目后评估过程

1. 组织安排

组织项目评估人员，制定工作计划，完成人员与工作准备。

2. 收集资料

收集项目建设的各项资料数据，查证核实，并进相关分析研究，包括区域配网现状、拟建设改造配电设备设施运行情况等。根据收集的大量资料，加工整理，汇总归类，以供评估中审查分析以及编制各种调查表和编写文字说明之用。

3. 审查分析

审查分析是在收集到必要的资料以后开始的，主要包括基本情况审查和财务分析两个方面。

4. 编写报告

根据调查和分析结果，编写项目评估报告。评估报告要对可行性研究中提出的多种方案加以比较评估，肯定一种最优方案，并提出对投资项目的评估结论。评估报告要按规定程序送交本单位相关投资决策机构审核批准。

五、投资偏差分析

工程施工投资偏差的形成过程，是由于施工过程随机因素与风险因素的影响形成了实际投资与计划投资，实际工程进度与计划工程进度的差异，分别成为投资偏差与进度偏差。投资偏差分析一项主要任务即是与建设进度进行对比，以确定造成投资偏差的真实原因。

(一) 投资偏差与工程进度

投资偏差是指工程建设过程中发生的实际投资与计划投资不一致的现象。在假定总工程量不变的情况下，投资偏差的往往是由于工程实际建设进度计划与计划建设进度不一致而产生。而在总工程量变化的情况下，投资偏差往往与工程建设的组织管理、施工技术措施等密切相关。

为抓住投资偏差分析的重点，以下不以因施工进度导致的投资偏差为分析对象。

(二) 投资偏差形成原因

农村电网改造升级工程发生较大投资偏差的主要原因可归纳为以下几个方面：单个工程的建设量、投资量小，容易受到单一变化因素的影响；架空线路、电缆线路工程需要永久占地或临时占地施工，前期赔偿的不确定性大；物资统一招标配送，价格趋低且更不可控，但在编制可研报告时需要考虑一定的价格裕量；按工程预算需要列支，但实际不可发生的费用占有一定比例；外部社会经济环境与自然环境变化快，导致工程实体建设量与设计存在偏差。

引起投资偏差的原因可简单分为 4 类：客观原因、业主原因、设计原因、施工原因。

1. 客观原因

与工程建设各方无关，属不可抗力范畴，包括人工费及材料涨价、自然环境变化、建设场地环境变化、交通变化等社会原因、法规制度变化等。

2. 业主原因

由于业主过错或失误导致投资发生偏差，包括投资规划不当、组织不落实、建设手续不健全、不及时付款、协调不利等。

3. 设计原因

由于设计单位过错或失误导致投资发生偏差，包括设计错误或失误、变更设计标准、不及时提供设计图纸、局部变更设计等。

4. 施工原因

由于施工单位过错或失误导致投资发生偏差，包括施工组织设计不合理、发生质量事故、施工进度安排不当、采用落后的施工工艺或工技术等。

在按照“预算不超概算、概算不超估算”原则严格管控工程造价并进行考核的情况下，加上法人管理费等很难支出、物资价格偏低等实际情况，配网工程的工程结算价格大幅低于可研估算价格，这是较为普遍的现象。

(三) 投资偏差纠正方法

投资偏差的纠正与控制要注意目标手段分析方法的应用。目标手段分析方法要结合施工现场实际情况，依靠有丰富实践经验的技术人员和工作人员通过各方面的共同努力实现纠偏。由于偏差的不断出现，从管理学的角度上是一个计划、实施、检查、纠正的 PDCA 循环过程。

从施工管理角度来说，施工合同、成本、进度、质量管理是几个重要环节。在纠正施工阶段资金使用偏差的过程中，要按照经济性、全面性与过程控制等原则，在项目经理的负责下，各类人员共同配合，对分项、分部、单位以及整体工程实施合理可行的纠偏措施，实现工程造价有效控制的目标。通常可采取下述几个措施。

1. 组织措施

组织措施是指从组织管理方面采取的投资控制措施。例如，落实投资控制的组织机构和人员，明确各级投资控制人员的任务、职责分工、权利责任，改善投资控制工作流程等。

2. 经济措施

经济措施容易为人接受，直观有效，但不能简单理解为审核工程量及工程价款结算，应在检查投资目标分解的合理性、资金使用计划的保障性、施工进度计划的协调性等方面多想办法。

3. 技术措施

技术措施并不都是因为发生了技术问题才加以考虑的，很多时候可以作为投资控制措施。采用技术措施进行投资纠偏的要义是，不同的技术措施往往会有不同的经济效果，因此在施工中，要善于进行技术措施优选，更好地控制投资。

4. 合同措施

利用合同措施纠偏主要是指合同的索赔管理。发生索赔事件后，要认真审查索赔依据、索赔计算等是否合理，切实落实合同责任。

配网工程造价分阶段、按建设量按定额编列，造价控制的根本措施要在量准、价实、控制变更等方面着手。

第五节 典 型 案 例

以某供电公司某10kV开关站改造工程为例说明工程竣工验收与结算相关工作。

一、工程概况

工程为某10kV开关站改造工程，目的是改造老旧设备，消除安全隐患。现状10kV高压柜为21面GG－1A型、低压柜为11面GGD型、控制屏7面，均为技术落后、已淘汰性设备。此次改造，更换以上设备，建设开关站的自动化及配套通信系统，增加排风系统和溢水报警装置，更换站内模拟板、门窗等辅助设施。站内现状SGB10－1000kVA配电变压器满足技术标准要求，不予更换。

（一）主要工作量

1. 电气一次

新安装高压中置柜22面、GFB－2008型低压柜11面（2进线、1母线、6面馈线、2面电容器），新安装四线制2000A低压母线桥2座，1250A高压母线桥1座；更换10kV开关柜至变压器ZC－YJY_{22}－8.7/15－3×150mm^2电缆80m，新敷设ZC－YJY_{22}－8.7/15－3×300mm^2电缆60m，ZC－YJY_{22}－8.7/15－3×150mm^2电缆180m，新装10kV电缆终端头8套、中间接头8套。

2. 电气二次

更换站内过电流、速断、零序电流等保护装置，更换站内直流系统，加装 DTU 装置及通信系统，完成保护及自动化调试等工作。

3. 土建

改造设备基础，更换站内防火门窗，加装轴流风机和溢水报警装置，完善夹层电缆管道柔性封堵。

4. 撤旧

拆除 GG-1A 型高压柜 21 面，GGD 低压柜 11 面，控制屏 7 面。

（二）参建单位

建设单位：某供电公司

设计单位：某电力设计有限公司

监理单位：某工程咨询有限公司

施工单位：某工程安装有限公司

（三）施工计划

工程计划于 2015 年 11 月 15 日开工，2015 年 12 月 31 日竣工。

二、竣工验收

1. 验收时间

2015 年 9 月 27 日

2. 验收参与单位

建设单位：某供电公司（运检部工程组）

设计单位：某电力设计有限公司

监理单位：某工程咨询有限公司

施工单位：某工程安装有限公司

运行维护单位：某供电公司配电基地站

3. 主要验收事项

根据竣工图纸对现场进行核查，检查实物建设量是否与竣工图纸一致。

检查高低压开关柜、电缆、通信及自动化设备等甲供材料的现场施工使用情况。

检查电气一、二次设备及站房附属设施的施工安装质量是否满足设计、施工及运行规范要求。

4. 验收结果

工程验收结论为合格，没有待处置及遗留需处置事项。

5. 验收报告

验收报告详见图 6-2。

三、竣工结算

该开关站改造工程于 2015 年 9 月底完成竣工验收，合格后投产发电。工程于 2015 年 11 月完成竣工结算，12 月完成竣工决算。

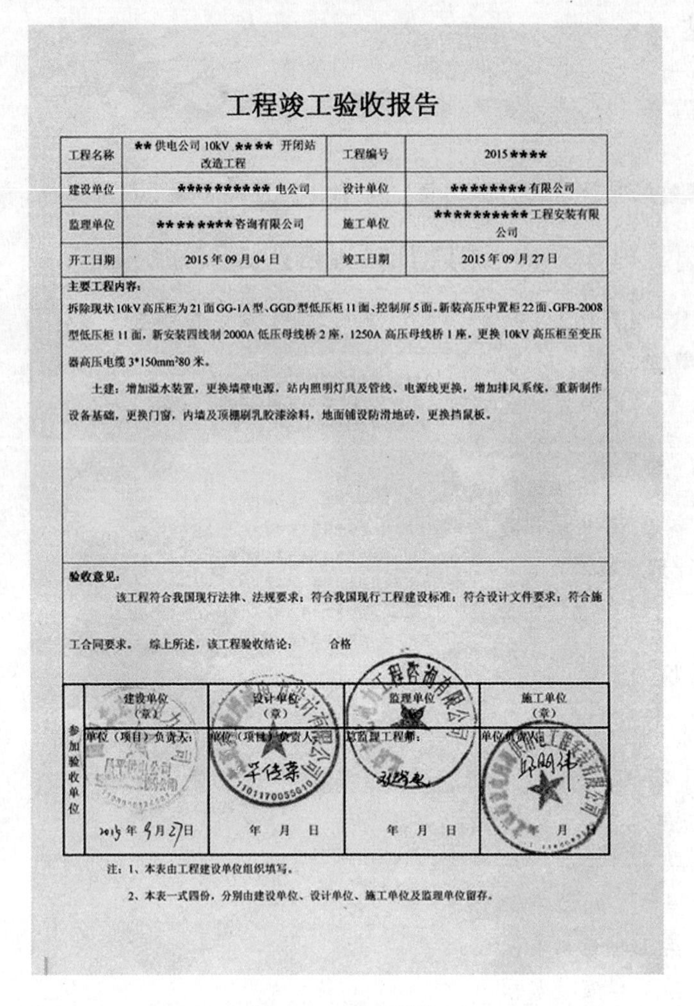

工程竣工验收报告

工程名称	** 供电公司 10kV **** 开闭站改造工程	工程编号	2015****
建设单位	*********** 电公司	设计单位	********* 有限公司
监理单位	********* 咨询有限公司	施工单位	*********** 工程安装有限公司
开工日期	2015 年 09 月 04 日	竣工日期	2015 年 09 月 27 日

主要工程内容：

拆除现状 10kV 高压柜为 21 面 GG-1A 型、GGD 型低压柜 11 面、控制屏 5 面。新装高压中置柜 22 面、GFB-2008 型低压柜 11 面，新安装四线制 2000A 低压母线桥 2 座，1250A 高压母线桥 1 座，更换 10kV 高压柜至变压器高压电缆 $3*150mm^2$ 80 米。

土建：增加溢水装置，更换墙壁电源，站内照明灯具及管线、电源线更换，增加排风系统，重新制作设备基础，更换门窗，内墙及顶棚刷乳胶漆涂料，地面铺设防滑地砖，更换挡鼠板。

验收意见：

该工程符合我国现行法律、法规要求；符合我国现行工程建设标准；符合设计文件要求；符合施工合同要求。　综上所述，该工程验收结论：　　合格

参加验收单位	建设单位（章）	设计单位（章）	监理单位	施工单位（章）
	单位（项目）负责人：	单位（项目）负责人：	总监理工程师：	单位负责人：
	2015 年 9 月 27 日	年　月　日	年　月　日	年　月　日

注：1、本表由工程建设单位组织填写。

2、本表一式四份，分别由建设单位、设计单位、施工单位及监理单位留存。

图 6-2　验收报告

1. 项目建设与竣工结算费用

项目建设各阶段的造价情况见表 6-10，竣工结算资金情况见表 6-11。

表 6-10　　项目费用简表　　单位：万元

费用阶段	可研估算	初设概算	竣工结算
资金	544.25	534	266.34

表 6-11　　项目竣工结算费用简表　　单位：万元

项目	设计费	施工费	监理费	甲供物资	其他结算费用
资金	2.93	61.21	1.88	198.01	2.31

2. 竣工结算主要核查内容

（1）工程实施所签订的所有合同（含补充协议）的执行情况。

（2）结算内容是否与实际工程相符。

(3) 定额选用和各项取费是否正确。

(4) 工程量计算所采用的计算规则及计算所得的工程量是否准确。

(5) 设计变更和现场签证以及其他洽商内容的真实性、合理性,是否符合规定和约定的手续。

(6) 施工情况与合同签证、监理签证等是否相符。

(7) 工程材料和设备价格的变化情况。

(8) 预备费支出情况。

(9) 进度款支付及适用情况。

(10) 其他费用、场地征用及清理等。

(11) 尾工工程。

(12) 项目概算执行情况。

(13) 其他与工程结算有关的内容。

3. 跟踪审计发现的问题

(1) 电力电缆工程量有误、单价偏高。

(2) 高压真空断路器12kV、400A户内型单价偏高。

(3) 送配电系统调试、电缆测试及UPS系统调试工程量有误。

(4) 施工洽商增加的灯具价格偏高。

4. 竣工结算的第三方审核

聘请第三方造价咨询机构对工程的施工结算进行了专项审核。情况详见《某10kV开关站改造工程结算审核报告》(附录二)。

第七章 工程审计监督

第一节 工程审计监督的必要性

农村电网改造升级工程审计监督，是审计部门依据国家有关政策法规和公司有关规定，对我国自1998年以来实施的多轮农村电网改造工程项目的真实性、合规性和效益性进行审计监督和评价，确保了农村电网资金使用的合法性和合规性，有效提升了工程的投资效益。

工程审计监督对象主要包括项目法人、建设管理单位、运行单位，必要时延伸审计公司系统内勘察设计、监理、施工及物资供应等相关参建单位。工程审计的最终目标是确保工程质量、控制工程进度、降低工程成本、提高投资效益，其必要性体现在下述几个方面。

（1）有利于健全工程内部控制机制。工程项目全寿命内部审计应贯彻有关法律法规，从控制环境、风险评估、控制活动、监督控制和信息与沟通等五个方面，及时查找风险点，完善内部控制制度，提高工程项目全过程资料的可靠性、完整性和合规性，提高内部控制的有效性。

（2）有利于保证工程管理可控在控。工程项目管理是一个系统性的工作，工程项目全寿命内部审计可以对每个节点工作进行动态跟踪审计，充分发挥投资效益，保护资金使用安全，避免损失浪费，提高资产质量等方面的作用，有效降低廉政风险。

（3）有利于健全资产全寿命周期体系。通过事前、事中和事后审计，能够在满足安全、效益、效能的前提下追求工程项目资产全寿命周期成本最低，提高投资效益，提升专业化管理水平，实现资产的优化合理配置，减少闲置资产，提升资产的利用效率。

第二节 工程审计监督的主要内容

工程审计工作分为外部审计和内部审计两个层面，内部审计是建设单位内部组织的审计工作，为内部管控的重要工作，为外部审计的前提，本小节主要对工程内部审计工作的组织开展工作进行陈述。

工程项目审计总体按照“谁投资、谁审计”的原则，实行统一管理、分级负责的管理方式。对于项目投资主体和建设管理主体分离等情况，可根据项目具体实施情况和工作需要，确定审计主体。

一、工程审计监督的基本原则

（1）以工程项目的总目标为方向。工程项目的总目标包括：工程施工进度、工程质量以及功能和投资等内容，开展跟踪式审计应熟悉工程项目的总要求，以建设的总目标为开展活动的主要方向，做好项目不同阶段的目标分析与综合评价，平衡好各个目标之间的关系。

（2）将控制投资活动作为中心内容。工程项目主要的审计对象之一就是投资环节，如何控制好投资活动的开展程度是审计目标的一大内容。在开展跟踪式审计过程中把握好审计工作的重心，监督过程资金的使用状况，审计投资控制总体状况，推进设计与施工方案的完善和优化，提出有效性对策建议，促进投资效益的最大化。

二、工程审计监督的内容

农村电网改造升级工程审计监督涵盖工程内部控制和建设管理的全过程，主要包括投资立项、勘察设计、招投标管理、合同管理、物资管理、工程实施、工程造价、财务管理、竣工验收、竣工决算和后评价等环节的审计监督。

（一）投资立项管理阶段

投资立项管理阶段主要审查工程项目前期的项目规划、可行性研究和立项审批程序执行的合规性，以及可行性研究报告的完整性、真实性和科学性。

审查要点：投资计划是否符合发展规划、履行政府主管部门核准（批复）程序；是否把已完工项目纳入新一轮农村电网改造升级工程范围立项；批复计划是否按里程碑节点执行；计划变更是否履行先审批后执行程序；是否存在未批先建以及违规立项的项目；是否存在规避审批的项目；项目超概、超规模是否达到管理规定的要求。

（二）招标采购管理阶段

招标采购管理阶段主要审查工程项目相关的服务和物资是否按照国家和企业规定履行招标采购活动。

审查要点：工程项目设计、施工、监理、咨询等服务类和物资采购类是否按规定招标，或者未按照规定的权限、金额选择招标模式；招标是否按照“公开、公平、公正”的原则实施，评标授标是否合法；项目建设单位是否存在越权采购行为，零星物资的采购、付款方式是否规范；集中招标采购物资的中标通知书、采购合同、设计图纸和竣工决算等环节是否一致，是否存在超标准列支其他费用、违规加价、虚列设备材料套取资金，以及盲目采购造成升级工程物资积压。

（三）工程实施管理阶段

工程实施管理阶段主要审查工程项目的勘测设计、物资、施工和监理等过程实施管理是否有按照国家和企业规定的工程建设管理规定执行。

审查要点：工程勘测设计是否有无因设计原因造成的升级工期延误和质量安全事故；设计变更控制是否有效及其对升级工程造价和建设进度的影响；工程施工进度、质量、造价控制和工程监理的有效性；建设土地征用手续办理、青苗赔偿等工作是否及时、合规；施工发包是否履行了必要的招标程序，操作是否规范、结果是否公正；是否依法订立合同，明晰合同内容、严格合同约定，有无开口合同或虚假合同；施工合同是否全面、真实履行，是否存在转包、非法分包、无证和越级承揽工程行为。

（四）工程结算管理、决算及财务管理阶段

工程结算管理、决算及财务管理是工程项目审计监督的最重要的环节，其直接涉及工程资金使用的合规性和合理性，同时也是审计监督环节发现问题最多的方面，因此实际工程管理人员应高度重视这一环节，其主要实审查工程量价费的真实性和合法性。

审查要点：是否存在虚列工程项目、套取资金等行为；物资领用的规范性，余料、拆旧物资是否足量移交；工程量是否真实，必要性时应到现场检查；定额和软件中设定的取费标准是否适用；工程量、计价是否与合同、图纸和现场相符；财务管理与竣工决算工作是否真实、有效、可靠和全面；资金管理和账务处理是否合规、合法；是否按约定及时支付预付款、进度款、最终合同费用和质量保证金，手续是否齐全；是否存在搭车收费等行为。

三、相关单位（部门）的组织管理

农村电网工程项目是需要多个单位和部门共同参与的系统工程活动，需要每个项目的参与者共同合作和协调，凝聚集体力量推进项目的顺利完成。在工程项目审计的实施过程中，应做好如下工作：

（1）编制工程项目年度审计计划，根据审定的年度计划，制定月度推进计划组织实施工程项目审计工作。

（2）发展、财务、基建、物资、运营监控中心及概预算审查等相关部门在各自的职责范围内协助和配合工程项目审计工作。

（3）工程项目建设管理单位应按规定积极配合开展审计工作，及时提供有关资料，并对所提供资料的真实性、完整性及其他情况做出书面承诺。

（4）工程项目审计遇到相关专业知识受限或问题难以辨识等情况时，可聘请专门机构（人员）或委托社会审计组织参与实施工程项目审计。

第三节 工程审计资料

工程审计的方法主要有查询法、审阅法、比较法、核对法和实地核查等，主要参照《中华人民共和国合同法》《中华人民共和国会计法》《招投标法实施条例》《建设项目审计处理暂行规定》《企业会计准则》，以及《国家电网公司电网建设项目档案管理办法》和《国家电网公司实物库存管理办法》等法律法规条例及相关行业或企业的管理规定。

工程审计资料来源于工程施工过程中，其相当于工程的痕迹。为便于工程全过程的审计监督工作开展，工程建设单位在日常工作中应组织做好工程实施全过程的资料收集和归档工作。

（1）投资立项方面应做好如下资料收集和归档：项目立项组织决策过程的相关资料，包括会议记录、专家结构、评审结论等；经批准的规划和年度计划，可研报告，项目评审、批复，项目储备等文件。

（2）招标采购方面应做好如下资料收集和归档：与工程相关的招标公告、技术规范、投标材料、中标通知书、专项合同等文件；经批准的工程技术改造方案（项目建议书）、

初步设计概算、施工图预算、设备材料清单和电缆清册等设计资料。

（3）工程实施方面应做好如下资料收集和归档：工程管理组织体系和相关内部控制制度；经批准的技术改造方案（项目建议书）、初步设计概算、施工图预算；与工程相关的勘察设计资料、监理资料、施工图纸资料、相关会议纪要等；施工组织设计、安全和质量控制措施、设计变更文件、试验（测试）报告、隐蔽工程记录、设备材料清单和电缆清册、工程索赔文件等资料；本单位或上级主管部门制定的通用设计、物料、造价，标准化施工工艺及其他标准化建设文件。

（4）工程结算、决算及财务管理方面应做好如下资料收集和归档：工程项目设计、施工、监理资料和专项合同资料；批准概算、施工图预算等；设计变更文件、试验（测试）报告、隐蔽工程记录、现场签证、工程进度报表、竣工验收报告、竣工图纸、工程索赔等方面的原始资料；工程结算和决算、相关会计凭证、账簿、报表等财务会计资料；设备、材料采购资料及供货清单，经建设单位签证的施工单位自行采购材料的原始凭证、货款结算等资料；财务年度资金预算，技术改造资金使用计划等；会计账簿、财务凭证、报表。

第四节 典 型 案 例

案例一 ××审计单位（部门）关于××地区农村电网改造工程的审计报告

根据《××审计单位（部门）关于××地区农网改造工程审计的通知》，××审计单位（部门）抽调审计人员组成多个审计组，根据工程的进展情况，对××地区的农村电网改造工程的工程管理情况进行了审计。审计的范围为国家发改委审批的农村电网工程。

审计的重点包括农村电网项目总体规划、建设规模、项目审批情况、项目建设和管理情况、资金筹集管理和使用情况、税费执行情况等方面。在对工程资料和财务资料进行审计的基础上，还对部分工程进行了现场实地核查。

审计过程中，需得到主体单位和相关施工、设计等外部单位的积极配合，各工程的建设单位对其提供的与审计相关的工程资料、财务资料和其他证明材料的真实性和完整性负责；审计单位（部门）的责任是对此所提供的资料采取必要的程序和方法进行审计并出具审计报告。

一、被审计项目的基本情况

此次审计对××个县市区主要由国家发改委审批的农村电网工程，审计计划投资额为1.13亿元，到位资金1.13亿元，实际完成投资额为9746.93万元，计划投资额为1.23亿元，到位资金6423万元，已完成投资额为6452.42万元。

二、审计评价意见

从审计情况看，实施的农村电网改善工程基本已完成，农村电网改善工程项目大部分已开工实施，改善了供电质量，增强了供电可靠性，优化了电网结构，提高了整个电网的安全稳定性。有力地带动了地方产业的经济发展，取得较好的社会效益和经济效益。电力部门能多方筹措资金，加大农村电力建设投入。建设主管单位能统筹规划、因地制宜、分级负责。建设单位能认真组织实施严格控制工程质量。广大农民也积极参加电力建设，明显改善了农村用电条件。

三、审计发现的主要问题及处理意见

1. 项目存在重复立项，套取资金的问题

发现××10kV老旧线路工程完工时间异常，通过进一步审计核实该项目为重复立项。实际情况为××供电公司获知用户因开发用地需对××10kV线路进行迁移，在申报2013年度项目时将其作为老旧线路改造项目立项申报，2012年12月用户出资委托该公司所属集体企业对线路进行了迁移改造。2013年4月，项目投资计划下达后，该公司将工程直接发包所属集体企业施工，并列支工程成本112万元，其中工程物资55万元，施工费57万元。

2. 勘察设计深度不够造成资金占用和损失浪费

该项目在实施过程中，发现与电缆管线设计标高相同且并行其他管线，导致施工无法按原设计进行。随后，设计单位对设计路线进行了相应变更，但已施工的两座电力井只能废除，剩余了大量工程物资。

3. 工程量不真实，虚列工程成本

工程批准概算投资688万元，架空线路长9775m。工程于1999年5月开工，2000年6月竣工，2002年10月竣工决算。决算列支完成投资691万元，架空线路长9775m。经综合分析、核实，该线路在2000年改造时已经存在，只是没有组塔和做基础；改造中仅将原#2塔西移32m。因此，决算列报的线路组塔和基础等费用不真实。但考虑该工程实际领用导线，只能架设完成1200m线路，以此计算认定该工程总成本为140万元，其余551万元属虚列工程支出。

4. 工程废旧物资回收清单造假

个别改造工程项目存在通过对废旧物资回收清单中的回收数量上造假，伪造仓库管理人员签字，达到回收要求的行为，该行为存在国有资产流失的风险。发现某工程未足额回收钢芯铝绞线640kg的问题。

四、审计建议

（1）农村电网改造工程建设管理单位应执行《建设项目审计处理暂行规定》的规定，严禁虚报投资完成、虚列建设成本、隐匿结余资金等，对存在问题应按国家有关规定和会计制度作调账处理。

（2）进一步规范招投标程序和加强农村电网改造工程建设项目专项资金的管理，严格执行国家有关法律法规，充分发挥国家资金的使用效益。

（3）对由于设计、施工等外部参建单位原因引起的建设单位农村电网工程资金占用和损失浪费，应执行《中华人民共和国合同法》的相关规定。

（4）应执行《中华人民共和国会计法》第二章第九条："各单位必须根据实际发生的

经济业务事项进行会计核算，填制会计凭证，登记会计账簿，编制财务会计报告。任何单位不得以虚假的经济业务事项或者资料进行会计核算”的规定，严禁虚列工程成本套取国家资金违法经营。

（5）应加强对废旧物资的管理，按照相关规定控制物资的回收率，规避国有资产流失的风险。

（6）农村电网改造工程由于未及时足额落实建设资金，导致部分建设项目实施缓慢，建议项目实施单位及主管单位抓紧落实建设资金，保证建设资金的及时到位。

案例二 竣工图管理疏漏，虚增工程造价

一、案例概述

2013年，××省电力公司组成审计组对××供电公司6个10kV配网项目竣工结算进行了审计，经过现场核对发现，多数项目的竣工图与现场实际情况均存在不同程度差异，多为隐蔽工程部分，有的差异很大，局部虚增工程造价达123万元，6个项目因竣工图管理疏漏造成虚增工程造价约734万元。该公司竣工图管理控制缺失，存在较大的资产流失风险。

二、审计过程及表现特征

（一）事项陈述

目前该公司竣工图绘制管理流程为：工程竣工验收后，施工单位编制草图，监理审核，送达设计单位，最终出版正式竣工图。很明显，业主项目部并不参与竣工图绘制管理，加上监理项目部审核不严、设计单位履职不到位等诸多因素影响，造成竣工图与实际偏差较大，尤其是基础隐蔽工程，竣工结算审计时难以发现，资产流失风险很大。

举例说明：新建××10kV 615线路工程，现场抽查发现电杆未更换虚报增立新杆，但竣工图A1－D2杆共6杆为新换10m电杆，现场仍为旧杆，金具、拉线均未更换；虚报电缆长度，如竣工图中工程量有“#1－#2新敷设YJV22－3*70高压电缆360m”，实际现场测量约为240m。

（二）表现特征

（1）监理审核不到位，直接影响竣工图的正确性。经了解，该公司对竣工草图的审核主要依赖监理，监理审核到位与否直接影响竣工图绘制的正确性。实际情况表明，以上项目的监理未能实实在在地履行合同约定的义务，给施工单位绘制虚假竣工草图创造了机会。

（2）设计单位未现场核查，竣工图的质量难以保证。尽管相关管理规定要求设计单位在收到竣工草图后编制符合项目实际情况的竣工图，但多数情况下，设计单位直接凭借施工单位提交的竣工草图出版正式竣工图，并未进行现场核实，对于基础隐蔽部分的真实情况更是一无所知。

（3）管理制度不严谨是内控执行不力的主要因素之一。从施工单位编制竣工草图到设计单位出版正式竣工图的管理流程中，工程管理部门并不参与。该公司相关管理规定为

“必要时，业主项目部在竣工验收后一周内组织监理、施工项目部及设计人员进行竣工草图会检，形成会检意见，与竣工草图一起移交至设计单位”，而制度未对“必要时”作出明确界定。

（三）审计方法

（1）熟悉电网项目管理的相关管理制度，了解管理流程，善于使用批判的眼光，由现象看本质，深层次分析问题产生的原因。

（2）审计时仔细进行现场踏勘，从蛛丝马迹中发现大问题，不能仅凭竣工资料审核结算。

（3）善于总结，及时做好同类型项目问题的汇总工作，不断积累经验，并应用到今后的结算审计中。

（四）审计取证

（1）查阅工程招标文件、中标通知书、合同、竣工结算、竣工图、设计变更、现场签证、工程开竣工报告、调试记录、施工记录、甲供材清单及其他竣工资料。

（2）查看现场，进一步核对结算工程量，核对甲供材，审查设计变更和现场签证的真实性、合规性和合理性。并取得审计发现问题的证据。

（3）针对结算管理方面的突出问题，进行了深入分析，从管理制度、职责划分、流程控制等方面入手，查找产生问题的根源，并据此有的放矢地提出相关管理建议。

三、审计结论、法规制度依据及建议

（一）审计结论

由于该公司工程竣工图管理失控，施工单位出具对自己有利的竣工草图，项目监理未经审核或未严格审核，设计单位未进行现场核实而出版的竣工图与实际存在差异，而基础隐蔽工程部分的差异难以察觉，造成工程造价失控，存在资产流失风险。

（二）法规制度依据

（1）《企业会计准则》第十条：“会计核算应当以实际发生的经济业务为依据，如实反映财务状况和经营成果。”

（2）《国家电网公司电网建设项目档案管理办法（试行）》（国家电网办〔2010〕250号）第四十五条规定：“竣工图的编制工作由建设管理单位负责组织协调。竣工图编制深度应与施工图的编制深度一致；编制应规范、修改要到位，真实反映竣工验收时的实际情况；字迹清晰、整洁，签字手续完备。签名真实，不得代签或打印，不得用印章代替签名。竣工图的审核由竣工图编制单位负责，由设计人（修改人）编制完成后，经校核人校核和批准人审定后在图标上签署。竣工图审查合格后，移交施工单位和监理单位加盖竣工图章，进行复核、签字确认。”

（三）审计建议

建议该公司针对竣工图管理缺陷，完善相关管理制度，优化管理控制流程，进一步明确责任部门和责任人，在竣工图管理方面真正体现业主项目部的作用，同时，加大问责力度，提高控制电网项目工程造价的合理性和有效性。

第八章　档　案　管　理

第一节　管理依据及具体流程

一、农村电网工程项目档案管理的作用

实施农村电网改造升级是贯彻中央供给侧结构改革要求、服务全面建设小康社会、促进经济平稳增长的重要部署。项目档案是公司履行企业责任，依法决策、依法建设与管理农村电网工程的重要印证，也是后续运行维护的重要依据，更是建设者弘扬企业精神，努力拼搏、优质高效完成工程建设的珍贵记忆，是与电网工程相伴生的记忆工程、文化工程。建设管理单位要从服务电网发展与依法治企、留存珍贵记忆、传承企业优秀文化的高度，重视并切实抓好农村电网工程项目档案管理工作。

农村电网工程档案是公司知识资产和信息资源的重要组成部分，确保其真实准确、齐全完整、系统规范、保管安全和有效提供利用，对于强化内部控制，防范经营风险，维护公司合法权益，提高公司核心竞争力，促进资产保值增值具有不可替代的作用。

二、档案管理依据

为落实关于农村电网改造升级工作的决策部署，提升农村电网建设改造工程项目档案管理水平，根据以下文件规范工程项目档案管理。

（1）国务院办公厅转发国家发展改革委《关于“十三五”期间实施新一轮农村电网改造升级工程意见的通知》（国办发〔2016〕9号）。

（2）国家发展改革委办公厅关于印发《新一轮农村电网改造升级项目管理办法》的通知（发改办能源〔2016〕671号）。

（3）《建设工程文件归档整理规范》（GB/T 50328—2014）。

（4）《科学技术档案案卷构成的一般要求》（GB/T 11822—2008）。

（5）《照片档案管理规范》（GB/T 11821—2002）。

（6）《电子文件归档与电子档案管理规范》（GB/T 18894—2016）。

（7）《国家电网公司档案管理办法》（国家电网企管〔2014〕1211号）。

（8）《国家电网公司关于做好新一轮农村电网改造升级工作的意见》（国家电网运检〔2016〕560号）。

（9）《国家电网公司关于进一步加强农网工程项目档案管理的意见》（国家电网办〔2016〕1039号）等文件标准要求，对农村电网改造升级工程项目档案资料进行规范管理。

三、农村电网工程项目档案管理机制

按照“统一组织、各负其责、协同推进”的思路，构建科学的农村电网工程项目档案

管理机制，形成界面清晰、运作顺畅、管控有力的工作格局。

（1）统一组织。坚持统一领导、项目建设管理单位具体实施的项目档案管理原则，落实“谁主管、谁负责，谁形成、谁归档”的基本要求，抓好顶层设计并统一实施，做到组织模式、运作机制、业务标准的规范统一。各省（自治区、直辖市）电网企业（简称“省公司”）应切实加强农村电网工程项目档案管理工作，建立工程项目档案工作领导责任制，健全组织网络，完善制度规范并执行到位，抓好档案质量控制，确保各项工作规范有序。

（2）各负其责。各省电网企业办公室应为本单位农村电网工程项目档案的归口管理部门，负责贯彻执行电网企业档案管理相关规定，构建本单位农村电网工程项目档案管理网络，对属地范围内组织实施的农村电网工程项目档案工作进行监督、检查和指导。各省电网企业农村电网工程主管部门或机构，负责农村电网工程项目文件材料归档的牵头管理和组织协调，负责将项目文件材料归档管理纳入电网企业农村电网工程项目管理体系并在工程管理过程中抓好落实；督导工程建设各阶段管理文件材料的收集、整理、归档工作。发展、财务、基建、物资、审计等相关部门负责职责范围内相关文件材料的收集、整理和移交工作。相关设计、施工、监理、物资供应（招投标）等单位或机构，按照职责和文件材料收集范围，做好工程项目文件材料的形成、积累、整理及移交工作。

（3）协同推进。在全面落实档案归口管理要求的基础上，坚持项目档案管理融入工程管理与业务流程，依托工程建设管理机制和管控模式，开展档案工作的日常组织与实施。应将项目文件材料归档管理纳入工程管理职责范围、建设管理纲要、工程阶段检查与验收管理。落实工程项目档案工作领导责任制和岗位责任制，坚持“管工程就要管工程文件归档”，明确工程管理与文件归档管理“一岗双责”要求，构建档案管理与业务管理相互融入的责任网络。

四、档案过程管理与质量控制

落实国家档案局关于工程项目档案管理“四同时”（“四同时”即研究部署工作时，同时研究部署该项目的档案管理工作；签订项目合同、协议书时，同时落实专人管理档案、安排档案管理专业经费；检查项目进度、安全和施工质量时，同时检查档案收集、归档、整理情况；进行项目竣工验收或重要阶段验收，以及项目成果评审、鉴定时，同时审查、验收档案质量）要求，将文件材料归档管理贯穿于工程建设管理始终，将管控节点与工程建设管理阶段相统一。在签订工程合同时，应明确规定文件材料收集、整理、移交的标准要求。在工程建设管理中，抓好开工时档案技术交底、建设过程中文件材料预归档、工程转序时文件材料累积整理、工程验收时文件归档情况检查等工作。

针对农村电网工程项目分散、单项工程体量不一、施工周期不同等情况，按照“全面覆盖、把控关键、便捷易行”的要求，项目管理部门要组织开展工程项目档案的业务指导、过程检查和验收把关等工作。

农村电网工程档案以省电网企业批复的工程项目为单位建档，从前期项目提出，到建成投产全过程中形成的应当归档保存的全部文件材料包括：项目的可研、批复、勘测设计、招投标、物资供应、施工、安装、监理、调试、工程竣工验收、运行维护等工作中形成的文字材料、图纸、图表、会计核算材料、声像及电子文件等各种形式的文件材料和载体。要求各种文件、资料原件齐全。要突出抓好工程核准、隐蔽工程记录、招投标、合同协议、资金支付、工程竣工图、试运行验收交接、工程结（决）算及拆旧物资处置等文件的归档工作。

农村电网工程档案管理工作要做到与工程进度同步进行。凡是农村电网工程涉及的设计、业主、施工、监理、物资供应等单位或部门，要明确档案资料的收集范围和管理职责，做好农村电网工程项目文件材料的形成、积累、整理、移交、归档和保管利用工作，确保工程档案的完整性、准确性和系统性。施工单位应将所承担的农村电网工程项目的开工、竣工报告、施工组织、安装工程原始记录、隐蔽工程记录、施工质量事故和永久性缺陷记录、设备安装使用说明书、材料复试报告、设计变更通知单（包括工程联系单等）、监理通知单、竣工图等文件材料，按规定收集齐全、完整，并在规定时间内向项目管理部门移交。

农村电网工程各阶段的勘测设计文件、设计变更通知单原件、竣工图、工程概（预）算等在工程竣工验收合格后由设计单位向项目管理部门移交。监理单位将在农村电网工程项目监理工作过程中所形成的监理规划、日志、记录、报告、工作总结、重要会议纪要、隐蔽工程记录等整理后，在规定时间内向项目管理部门移交。物资管理部门负责收集、整理在农村电网工程项目管理中审定的物资计划、设备材料、订货合同及变更、协调、索赔等文件材料，向本单位档案部门按时移交。

10kV 及以下农村电网工程项目，文件材料归档时可采取“综合卷”＋“单项卷”等方式，简化分类整理，最大限度提高工作效率，归档范围与保管期限见表 8-1。

表 8-1　　10kV 及以下农村电网工程项目文件归档范围及保管期限表

类目号	类目名称	归档文件材料内容	归档责任部门（单位）	归档配合部门（单位）	保管期限
824	配电网				
8240	综合性文件				
	依据性文件	1. 工程项目可行性研究报告、批复、意见	发展策划部	设计单位	永久
		2. 工程项目年度资金（综合）计划、投资计划、变更报批文件	发展策划部	业主项目部	
		3. 工程许可文件、报批文件	发展策划部	业主项目部	
		4. 工程项目初步设计批复文件、概（预）算审批文件	业主项目部	设计单位、基建部	
		5. 工程项目施工图会审纪要	业主项目部	设计单位	30 年
	管理性文件	1. 成立工程组织机构文件	运维检修部	业主、施工、监理项目部	
		2. 工程项目协调会议文件、纪要	监理项目部	业主、施工项目部	
		3. 工程项目设计、施工、监理合同	业主项目部	设计、施工、监理中标单位	
		4. 设备及材料订货合同	物资供应中心	业主、监理项目部	
		5. 赔偿协议	业主项目部	施工、监理项目部	永久
		6. 其他工程管理活动文件	业主项目部	施工、监理项目部	30 年

续表

类目号	类目名称	归档文件材料内容	归档责任部门（单位）	归档配合部门（单位）	保管期限
8240	招投标文件	1. 设备及材料类	物资供应中心	运维检修部	30年
		2. 非物资采购类	物资供应中心	运维检修部	
	财务、审计文件	1. 工程总体竣工决算报告、批复	财务资产部	运维检修部、基建部	永久
		2. 审计报告（含项目过程审计报告）	审计部	财务资产部、运维检修部	
	总结验收、评价、创优文件	1. 工程总体总结	业主项目部	施工、监理项目部	
		2. 工程总体效益分析（评估、评价）	业主项目部	施工、监理项目部	
		3. 工程创优文件材料	业主项目部	施工、监理项目部	
	监理文件	1. 工程项目监理规划、实施方案、总结	监理项目部	业主、施工项目部	30年
		2. 成立工程项目监理机构、人员任命文件	监理项目部	业主、施工项目部	
		3. 人员资质、施工器械等报审文件	监理项目部	业主、施工项目部	
		4. 工程项目施工技术交底、协调会议纪要，工作联系单（整改通知单）	监理项目部	业主、施工项目部	
		5. 监理旁站记录、日志、月（周）报	监理项目部	业主、施工项目部	
	声像及电子文件	工程项目实施过程中（开工、检查、投运等）形成的照片、录音、录像（视频）	业主项目部	施工、监理项目部	永久
8242/8243	单项工程线路/台区				
8242/8243	设计文件	1. 工程项目改造前基本情况	设计单位	业主项目部	30年
		2. 工程项目改前示意图	设计单位	业主项目部	
		3. 工程项目建设改造（施工）方案图	设计单位	业主项目部	
		4. 工程项目初步（施工图）设计、概（预）算	设计单位	技经专业主管部门	
		5. 工程项目变更及报审文件	设计单位	业主、施工、监理项目部	
	施工文件	1. 工程项目“三措一案”	施工项目部	业主、监理项目部	
		2. 工程项目开（停、复）工报告	业主项目部	施工、监理项目部	
		3. 沙石、水泥、钢材等材料检验报告	监理项目部	业主、施工项目部	
		4. 工程项目隐蔽工程记录	监理项目部	业主、施工项目部	永久
		5. 土建、安装记录，调试、试验报告	施工项目部	业主、监理项目部	30年
		6. 工程量核定表（签证表）	业主项目部	设计单位，施工、监理项目部	
		7. 工程项目工程退补料清单	物资供应中心	业主、施工、监理项目部	
		8. 拆旧物资回收、鉴定、处置文件	物资供应中心	运维检修部	
		9. 工程项目结算书	施工项目部	业主、监理项目部	永久

续表

类目号	类目名称	归档文件材料内容	归档责任部门（单位）	归档配合部门（单位）	保管期限
8242/8243	竣工投产验收文件	1. 工程项目竣工基本情况	施工项目部	业主、监理项目部	永久
		2. 工程项目竣工图	设计单位	业主、施工、监理项目部	
		3. 工程项目竣工验收申请、验收报告	施工、业主项目部	监理项目部	30 年
	设备文件	1. 装箱单、产品合格证、说明书、出厂试验报告、出厂图纸等开箱材料	施工项目部	业主、监理项目部	
		2. 其他设备文件	施工项目部	业主、监理项目部	
	工程照片	1. 工程施工关键阶段、工序照片、隐蔽工程照片	监理项目部	业主、施工项目部	永久
		2. 工程改前、改后照片	监理项目部	业主、施工项目部	

注 1. 表中所列文件为基本归档范围，各单位最终归档的文件不限于此表。
2. 综合性文件统一归入 8240 组卷，单项工程按项目单独组卷，统一归入 8242/8243。个别条目可归入综合卷也可归入单项工程卷，各单位按照实际情况酌情处理。
3. 文件归档时应同步移交电子版文件。
4. 本表所述“文件”是指项目实施过程中形成的文字、图表、声像等形式的全部材料。

归档的文件材料由文件形成单位或部门规范整理，做到齐全完整、真实准确，与工程项目实际情况一致。归档文件材料原则上应是原件（原件已由本单位档案部门归档保存且数量唯一的，可归档复制件，但须注明原件存放位置及档号），合同协议应是正本。文件材料（包括竣工图）应完整准确、清晰规范、图实相符，案卷应符合《科学技术档案案卷构成的一般要求》（GB/T 11822）。对于存在合法性印签缺失、关键意见未签署、形成日期填写逻辑错误等问题的文件材料，形成机构必须整改完毕方可归档。

文件材料归档应进行登记，登记表与文件材料一同向档案部门移交。档案部门接收时应认真核对，并检查档案质量，履行交接登记手续。重要项目文件材料归档时应由项目管理部门编写归档说明，并经项目负责人审核签字。

档案资料分为数字化档案及实物档案。须将档案信息化纳入本单位信息化建设整体规划，统一部署、同步实施，通过加快推进电子文件管理和档案信息系统建设，建立起贯通各层级、覆盖全业务的档案大数据资源体系。

数字化档案必须对实物原件进行扫描，归档文件格式采用 PDF 或 JPG 格式，文件采用彩色扫描，清晰度为 300dpi，且单张图片大小不小于 2MB。数字化档案的存储由省公司一级集中存储，并定期做好数据备份，必要时应建立备份数据库或异地灾备系统。数字化档案的查阅可由申请人在协同办公中发起，经档案管理员批准后给予一定的查询权限及期限，到期后自动收回查阅权限。实物档案接收工程资料的原件，原件大小为 A4 规格，如竣工图纸等大于 A4 的文档，需先进行折叠后，再进行装订。实物归档后应在相关档案管理系统中记录实物存放的具体位置，并做好索引工作。

应建立档案管理台账，定期记录（核对）档案库藏、出入库、利用、设施设备、销毁及责任人情况等。实物档案由借阅人到档案室借阅，借阅时需进行登记，主要登记内容为：档案名称、档案编号、借阅日期、借阅人、所在单位、用途。归还时需经档案管理员核实，并在借阅记录后需注明档案归还日期。归档的信息化应根据统一的档案管理系统部署要求，录入档案的编号、卷号、名称、分类号、总页数、总件数、保管期限、密级、归档部门等信息。

五、档案的移交及保管利用

参建单位档案整理完毕，由农村电网工程项目主管部门或机构统一组织汇集成套，经检查验收合格，向建设单位档案部门或档案部门指定机构移交。单项工程文件材料须随工程建设管理进度同步收集整理，应于投产验收后1个月内完成整理建档工作；整体工程项目文件材料应在法人竣工验收后3个月内移交。文件材料归档时应同步移交电子版。

应设置符合国家标准的档案库房，并根据需要分开设置阅档室、档案业务技术用房及办公用房。档案库房应保持干净、整洁，并具备防火、防盗、防潮、防光、防鼠、防虫、防尘、防污染（又称为“八防”）等防护功能，并应配备“八防”、空气净化、火灾自动报警、自动灭火、温湿度控制、视频监控等设施设备，并对运转情况进行定期检查、记录，及时排除隐患。同时，根据项目后续运维情况，不断充实项目档案。

第二节　典　型　案　例

案例一　综合性文档的归档

10kV及以下农村电网改造工程的结算方式基本以批次或县为单位进行结算，因此10kV及以下电网工程项目的综合性文件以批次或县为单位进行归档，将可行性研究报告、批复、意见，年度资金（综合）计划、投资计划、变更报批文件，项目初步设计批复文件、概（预）算审批文件，项目施工图会审纪要，监理文件等文件集中，按批次进行归档，归档资料分多册装订，如图8-1、图8-2所示。

图8-1　档案密集柜存放

图8-2　档案分册归档

以某电网企业2014年农村电网改造工程为例，综合资料归档在竣工决算后进行，档案以“2014年农网改造升级工程决算资料”命名，包含依据性文件、管理性文件、财务、审计文件、监理文件等，如图8-3所示。

** 供电公司2014年农网改造升级工程（98项）

目　录

序号	文件	位置
1	可行性研究报告评审意见的批复（* 电发展〔2013〕** 号）	第1册
2	资金计划（*电发展〔2014〕** 号）	第1册
3	结算批复（** 供电基建〔2015〕284号）	第1册
4	批准概算书	第2-9册
5	竣工结算	第10-12册
6	合同及中标通知书	第13-18册
7	物资结算清单	第19册
8	开竣工报告	第20册
9	监理报告及监理审核意见书等	第21-22册
10	施工结算	第23-37册

2

图8-3　档案目录

依据性文件，如可研评审意见、可研批复、投资计划等文件资料应由发展策划部负责收集整理，交由归档责任部门统一组织审核、归档。

设计文件如概算书等资料，按照职责分工应由设计单位负责收集整理；施工文件如结算书等资料，由施工单位负责收集整理；归档文件材料应完整、准确、系统。此处仅以部分归档资料做案例说明。

案例二　单项工程线路/台区资料的归档

以单项工程为单位，档案包含开竣工报审、“三措一案”、施工图、产品合格证、实验报告、竣工图等。工程资料在工程竣工验收后收集归档，以××××工程竣工资料命名，分多册装订。

以某公司农村电网工程“××市××镇××村台区增容改造工程”为例，单项工程资料名称为“××市××镇××村台区增容改造工程竣工资料”，如图8-4～图8-6所示。

****省电力公司文件

*电发展〔2013〕***号

**** 省电力公司关于 ** 供电公司2014年农网改造升级工程可研评审意见的批复**

**供电公司：

你公司《关于2014年农网改造升级10千伏及以下项目可研评审意见的请示》（**供电发展〔2013〕**号）收悉，经公司研究，原则同意，请据此做好下阶段工作。

附件：1.关于2014年农网改造升级工程可研评审意见的请示（**供电发展[2013]305号）
2. **供电公司2014年农网改造升级10千伏及以下项

—1—

3

**供电公司文件

供电发展〔2013〕号　　签发人：**

**** 省电力公司 ** 供电公司关于2014年农网升级改造10千伏及以下项目可研评审意见的请示**

**省电力公司：

2013年9月6日，**省电力公司**供电公司(以下简称公司)组织召开了2014年农网升级改造10千伏及以下项目可研报告评审会议，公司发展部、营销部、运检部、调控中心、经研所，**县供电公司、**县供电公司、**县供电公司、**电力设计有限公司等部门和单位参加了会议。会议对设计单位提交的可研报告进行了认真讨论和审查，提出了补充完善意见。经收口复核，形成了评审意见。项目明细表和评审意见详见附件。

5

附件1

**** 县供电公司2014年农网升级改造10千伏及以下项目可研报告评审意见**

2013年9月6日，**供电公司组织召开了"2014年农网升级改造10千伏及以下（**）项目"可行性研究报告（预）评审会议，国网**供电公司发展部、运检部、营销部、调控中心、经研所，国网**县供电公司、**电力设计有限公司等部门和单位的相关人员参加了会议。会议对**电力设计有限公司提交的"2014年农网升级改造10千伏及以下（**）项目"可行性研究报告进行了认真讨论和审查，形成评审意见如下：

一、**县基本情况

县地处东北部，三面环山，中部谷地，平坦开阔。全县共有大小山脉30余座。最大的**山，系祁连山支脉之一，平均海拔4235米，最高处达4600米以上。地理位置在北纬36°43'～37°23'，东经100°51'～101°56'。东邻**土族自治县，西接**县、**县，南与**市接壤，北与**县和**自治县相依。全县总面积463.5万亩（3090平方公里），东西长约95公里，南北宽约85公里、现辖9个镇，11个乡，自治县总人口45.8万人，人口密度148.2人/平方公里。

二、**县电网概况

7

** 省电力公司文件

电发展〔2014〕号

**** 省电力公司关于下达农网改造升级工程2014年中央预算内投资计划的通知**

** 供电公司：

根据《国家发展改革委关于下达农村电网改造升级工程2014年中央预算内投资计划的通知》（发改投资〔2014〕**号）和《**电网公司关于下达农村电网改造升级工程和无电地区电力建设工程2014年中央预算内投资计划的通知》（**电网发展〔2014〕**号），现将公司农村电网改造升级工程2014年中央预算内投资计划下达给你们，请遵照执行。

一、投资与建设规模

—1—

图8-4(一)　档案内容扫描件（部分）

供电公司2014年农网升级改造工程

（ 县第四册）

批准预算书

批准： 供电公司 编制： 电力设计有限公司

2014年5月

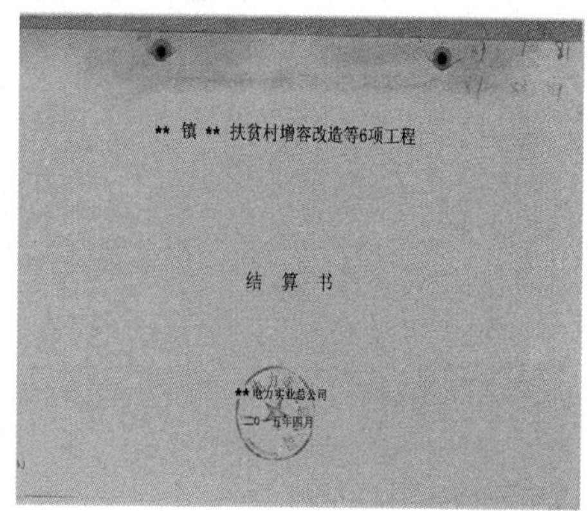
** 镇 ** 扶贫村增容改造等6项工程

结 算 书

** 电力实业总公司

二〇一五年四月

图 8-4(二) 档案内容扫描件（部分）

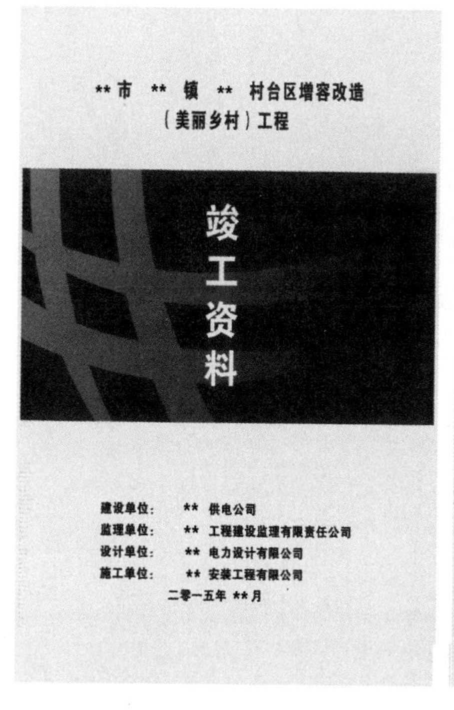
** 市 ** 镇 ** 村台区增容改造

（美丽乡村）工程

竣工资料

建设单位： ** 供电公司

监理单位： ** 工程建设监理有限责任公司

设计单位： ** 电力设计有限公司

施工单位： ** 安装工程有限公司

二零一五年 ** 月

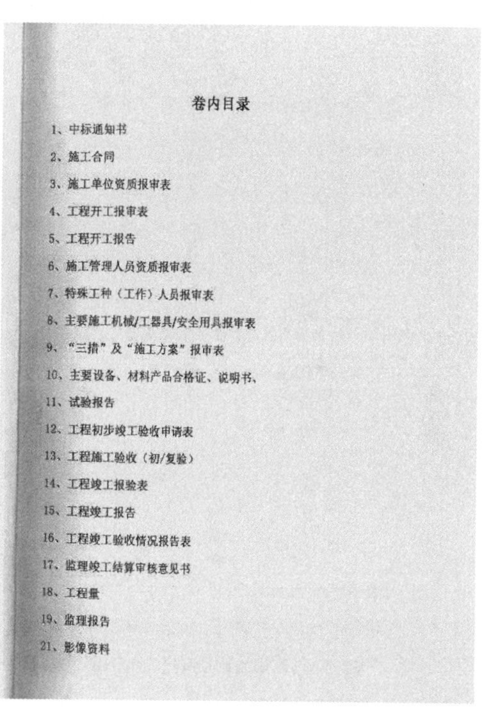
卷内目录

1、中标通知书

2、施工合同

3、施工单位资质报审表

4、工程开工报审表

5、工程开工报告

6、施工管理人员资质报审表

7、特殊工种（工作）人员报审表

8、主要施工机械/工器具/安全用具报审表

9、“三措”及“施工方案”报审表

10、主要设备、材料产品合格证、说明书、

11、试验报告

12、工程初步竣工验收申请表

13、工程施工验收（初/复验）

14、工程竣工报验表

15、工程竣工报告

16、工程竣工验收情况报告表

17、监理竣工结算审核意见书

18、工程量

19、监理报告

21、影像资料

图 8-5 档案封面、目录

管理性文件如施工合同等文件由业主项目部进行收集整理，合同中同时应附中标通知书。必要时可附合同审批流转单。

施工过程资料如施工单位资质报审表、工程开工报审表、“三措一案”及工程竣工报告等资料应由施工单位负责收集整理。业主、监理、项目运行单位应对自己审核部分的真实合理性负责，保证资料中措施得当、资质有效、工程量真实、工艺质量合格等，使归档资料真实可靠，有据可查。

中标通知书

** 安装工程有限公司：

** 省电力公司 “总部统一组织监控，省公司具体实施” ** 省电力公司 ** 年第四批电网建设及服务类招标采购项目招标（招标编号：281534）的评标工作已结束。根据评标委员会的评审结果，经公司招标领导小组批准，在本次招标 003 施工（运检） 分标（包名称：包 16 ** 市 ** 镇 ** 村台区增容改造（美丽乡村）等工程施工 项目单位： ** 供电公司）的投标中，贵公司被确认为中标人。中标价格为：人民币 ** 万元。

自中标通知书发出之日起 30 日内，请贵公司携带所有签订合同所需的资料（包括但不限于法定代表人授权书、技术规范、技术图纸等），并按照招标文件和中标人的投标文件与项目单位订立书面合同。合同签订的安排由项目单位另行通知。

请贵公司收到本中标通知书后，签收并速回函确认。

项目单位联系人： ** 联系电话： **

中标单位联系人： ** 联系电话： **

电力公司招投标管理中心

2015 年 7 月

输变电工程施工合同

合同编号（发包人）：SG[illegible]403

合同编号（承包人）：

工程名称：** 市 ** 镇 ** 村台区增容改造（美丽乡村）等 2 个工程

发 包 人： ** 省电力公司 ** 供电公司

承 包 人： ** 安装工程有限公司

签订日期：2015 年 8 月

签订地点：** 省 ** 市

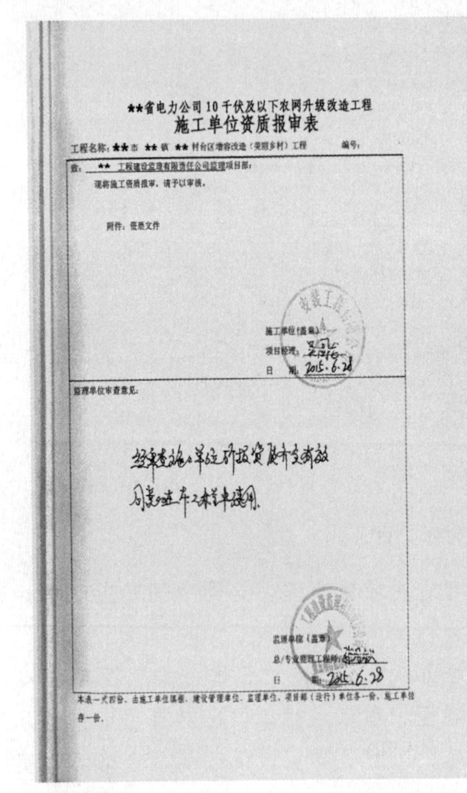

**省电力公司 10 千伏及以下农网升级改造工程

施工单位资质报审表

工程名称：** 市 ** 镇 ** 村台区增容改造（美丽乡村）工程 编号：

致： ** 工程建设监理有限责任公司监理项目部：

现将施工资质报审，请予以审核。

附件：资质文件

施工单位（盖章）：
项目经理：
日 期：2015.6.28

监理单位审查意见：

监理单位（盖章）
总/专业监理工程师：
日 期：2015.6.28

本表一式四份，由施工单位填报，建设管理单位、监理单位、项目部（运行）单位各一份，施工单位存一份。

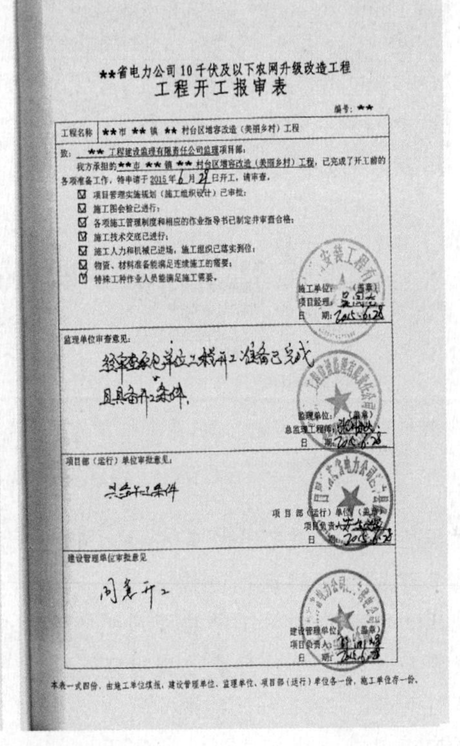

**省电力公司 10 千伏及以下农网升级改造工程

工程开工报审表

编号：**

工程名称	** 市 ** 镇 ** 村台区增容改造（美丽乡村）工程

致： ** 工程建设监理有限责任公司监理项目部：

我方承担的 ** 市 ** 镇 ** 村台区增容改造（美丽乡村）工程，已完成了开工前的各项准备工作，特申请于 2015 年 6 月 29 日开工，请审查。

☑ 项目管理实施规划（施工组织设计）已审批；
☑ 施工图会检已进行；
☑ 各项施工管理制度和相应的作业指导书已制定并审查合格；
☑ 施工技术交底已进行；
☑ 施工人力和机械已进场，施工组织已落实到位；
☑ 物资、材料准备能满足连续施工的需要；
☑ 特殊工种作业人员能满足施工需要。

施工单位：（盖章）
项目经理：
日 期：2015.6.28

监理单位审查意见：

监理单位：（盖章）
总监理工程师：
日 期：2015.6.28

项目部（运行）单位审批意见：

项目部（运行）单位（盖章）
项目负责人：
日 期：2015.6.28

建设管理单位审批意见

建设管理单位：（盖章）
项目负责人：
日 期：2015.6.28

本表一式四份，由施工单位填报，建设管理单位、监理单位、项目部（运行）单位各一份，施工单位存一份。

图 8-6(一) 档案内容示例

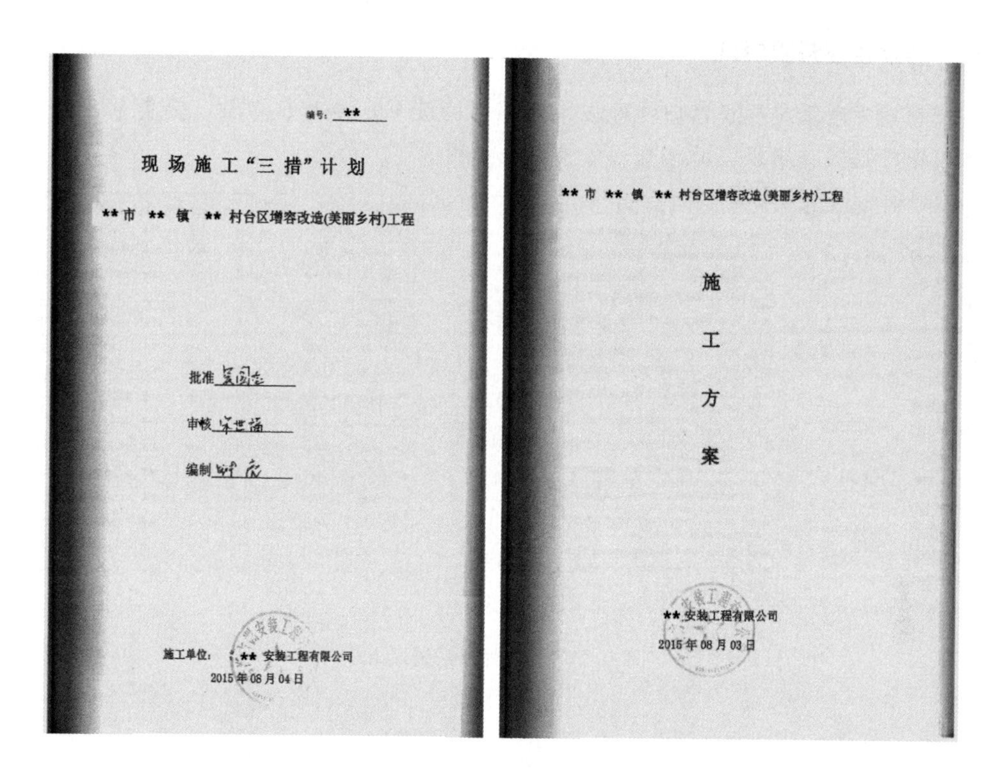

编号：**

现场施工"三措"计划

**市 ** 镇 ** 村台区增容改造(美丽乡村)工程

批准

审核

编制

施工单位：** 安装工程有限公司

2015年08月04日

**市 ** 镇 ** 村台区增容改造(美丽乡村)工程

施工方案

** 安装工程有限公司

2015年08月03日

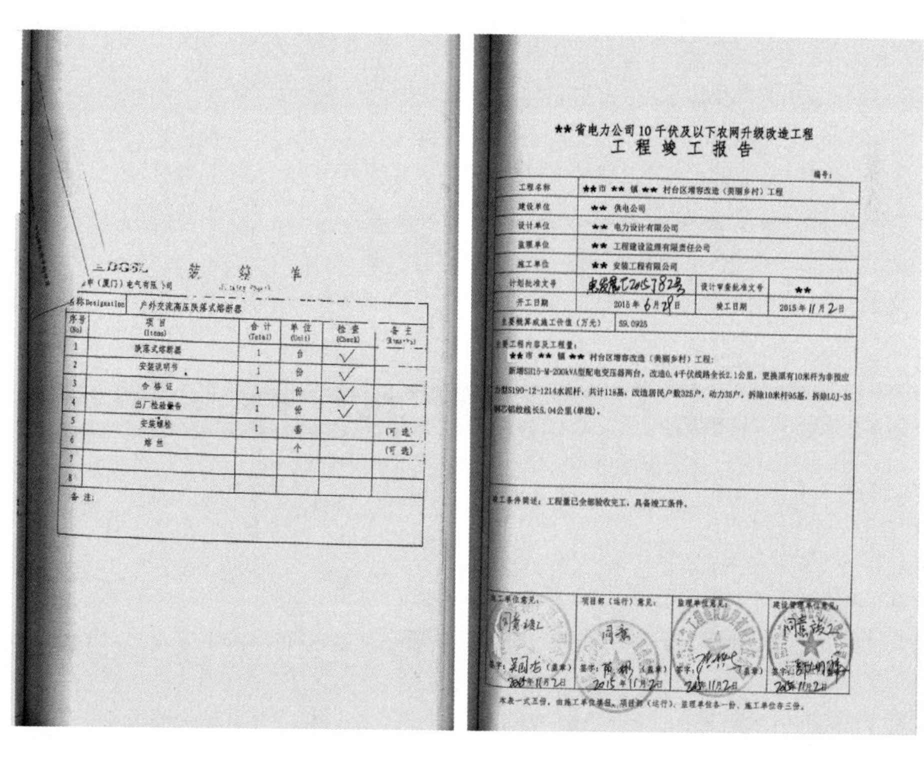

装箱单

Packing Sheet

名称 Designation：户外交流高压跌落式熔断器

序号 (No)	项目 (Items)	合计 (Total)	单位 (Unit)	检查 (Check)	备注 (Remarks)
1	跌落式熔断器	1	台	√	
2	安装说明书	1	份	√	
3	合格证	1	份	√	
4	出厂检验报告	1	份	√	
5	安装螺栓	1	套		(可选)
6	熔丝		个		(可选)
7					
8					

备注：

** 省电力公司10千伏及以下农网升级改造工程

工程竣工报告

编号：

工程名称	** 市 ** 镇 ** 村台区增容改造（美丽乡村）工程		
建设单位	** 供电公司		
设计单位	** 电力设计有限公司		
监理单位	** 工程建设监理有限责任公司		
施工单位	** 安装工程有限公司		
计划批准文号	电发展〔2015〕782号	设计审查批准文号	**
开工日期	2015年6月28日	竣工日期	2015年11月2日
主要概算或施工价值（万元）	59.0925		

主要工程内容及工程量：

** 市 ** 镇 ** 村台区增容改造（美丽乡村）工程：

新增SH15-M-200kVA型配电变压器两台，改造0.4千伏线路全长2.1公里，更换原有10米杆为非预应力型S190-12-1214水泥杆，共计116基，改造居民户数325户，动力35户，拆除10米杆95基，拆除LGJ-35钢芯铝绞线长5.04公里(单线)。

竣工条件简述：工程量已全部验收完工，具备竣工条件。

施工单位意见：	项目部（运行）意见：	监理单位意见：	建设管理单位意见：
同意竣工	同意		同意竣工
签字：（盖章）	签字：（盖章）	签字：（盖章）	签字：（盖章）
2015年11月2日	2015年11月2日	2015年11月2日	2015年11月2日

本表一式五份，由施工单位填报，项目部（运行）、监理单位各一份，施工单位存三份。

图 8-6(二)　档案内容示例

案例三 档案管理系统录入

按照档案管理系统要求，归档时应录入档案的编号、卷号、名称、分类号、总页数、总件数、保管期限、密级、归档部门等信息，如图8-7所示。

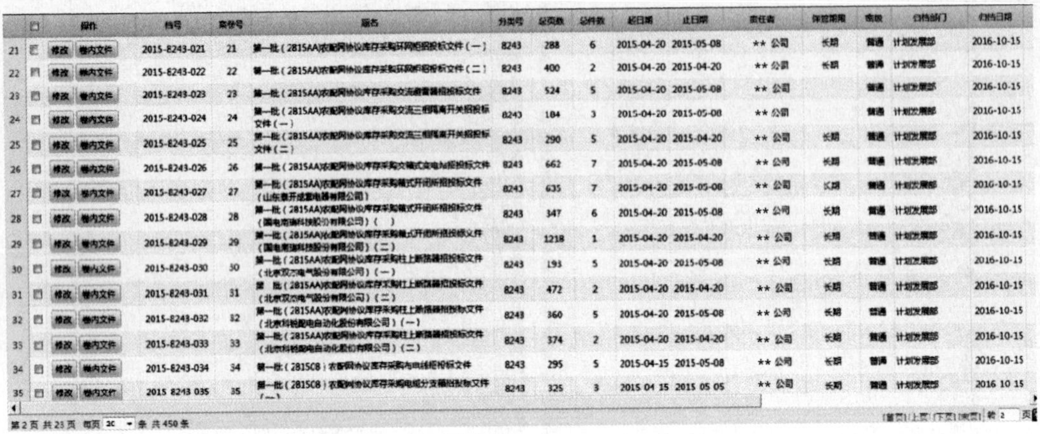

		操作	档号	案卷号	题名	分类号	总页数	总件数	起日期	止日期	责任者	保管期限	密级	归档部门	归档日期
21		修改 卷内文件	2015-8243-021	21	第一批（2815AA)农配网协议库存采购环网柜招投标文件（一）	8243	288	6	2015-04-20	2015-05-08	** 公司	长期	普通	计划发展部	2016-10-15
22		修改 卷内文件	2015-8243-022	22	第一批（2815AA)农配网协议库存采购环网柜招投标文件（二）	8243	400	2	2015-04-20	2015-04-20	** 公司	长期	普通	计划发展部	2016-10-15
23		修改 卷内文件	2015-8243-023	23	第一批（2815AA)农配网协议库存采购交流避雷器招投标文件	8243	524	5	2015-04-20	2015-05-08	** 公司		普通	计划发展部	2016-10-15
24		修改 卷内文件	2015-8243-024	24	第一批（2815AA)农配网协议库存采购交流三相隔离开关招投标文件（一）	8243	184	3	2015-04-20	2015-05-08	** 公司		普通	计划发展部	2016-10-15
25		修改 卷内文件	2015-8243-025	25	第一批（2815AA)农配网协议库存采购交流三相隔离开关招投标文件（二）	8243	290	5	2015-04-20	2015-04-20	** 公司	长期	普通	计划发展部	2016-10-15
26		修改 卷内文件	2015-8243-026	26	第一批（2815AA)农配网协议库存采购交箱式变电站招投标文件	8243	662	7	2015-04-20	2015-05-08	** 公司	长期	普通	计划发展部	2016-10-15
27		修改 卷内文件	2015-8243-027	27	第一批（2815AA)农配网协议库存采购箱式开闭所招投标文件（山东泰开成套电器有限公司）	8243	635	7	2015-04-20	2015-05-08	** 公司	长期	普通	计划发展部	2016-10-15
28		修改 卷内文件	2015-8243-028	28	第一批（2815AA)农配网协议库存采购箱式开闭所招投标文件（国电南瑞科技股份有限公司）（ ）	8243	347	6	2015-04-20	2015-05-08	** 公司	长期	普通	计划发展部	2016-10-15
29		修改 卷内文件	2015-8243-029	29	第一批（2815AA)农配网协议库存采购箱式开闭所招投标文件（国电南瑞科技股份有限公司）（二）	8243	1218	1	2015-04-20	2015-04-20	** 公司	长期	普通	计划发展部	2016-10-15
30		修改 卷内文件	2015-8243-030	30	第一批（2815AA)农配网协议库存采购柱上断路器招投标文件（北京双杰电气股份有限公司）（一）	8243	193	5	2015-04-20	2015-05-08	** 公司	长期	普通	计划发展部	2016-10-15
31		修改 卷内文件	2015-8243-031	31	第一批（2815AA)农配网协议库存采购柱上断路器招投标文件（北京双杰电气股份有限公司）（二）	8243	472	2	2015-04-20	2015-04-20	** 公司	长期	普通	计划发展部	2016-10-15
32		修改 卷内文件	2015-8243-032	32	第一批（2815AA)农配网协议库存采购柱上断路器招投标文件（北京科锐配电自动化股份有限公司）（一）	8243	360	5	2015-04-20	2015-05-08	** 公司	长期	普通	计划发展部	2016-10-15
33		修改 卷内文件	2015-8243-033	33	第一批（2815AA)农配网协议库存采购柱上断路器招投标文件（北京科锐配电自动化股份有限公司）（二）	8243	374	2	2015-04-20	2015-04-20	** 公司	长期	普通	计划发展部	2016-10-15
34		修改 卷内文件	2015-8243-034	34	第一批（2815C8）农配网协议库存采购为电线柜招投标文件	8243	295	5	2015-04-15	2015-05-08	** 公司	长期	普通	计划发展部	2016-10-15
35		修改 卷内文件	2015 8243 035	35	第一批（2815C8）农配网协议库存采购电缆分支箱招投标文件（一）	8243	325	3	2015 04 15	2015 05 05	** 公司	长期	普通	计划发展部	2016 10 15

第2页 共23页 每页 20 条 共450条 [首页][上页][下页][末页] 转 2 页

图8-7 档案管理系统录入

第九章　典　型　应　用

第一节　农村煤改电建设典型应用

从2016年开始，××市在全市范围内大力推进煤改电工程建设，计划用3年时间，基本完成域内平原及浅山区居民的煤改电项目建设。到2016年年底，实现东南部平原地区居民采暖的“无煤化”。本节以A村（某地区的一个普通村庄）为例进行介绍。

一、煤改电技术原则

为更好指导煤改电建设项目开展，保障新增煤改电负荷的安全可靠供电，有效提升从低压接户线到变电站的配网整体健康水平，国网××市电力公司于2016年颁发了《煤改电建设改造技术细则》（以下简称《细则》）。

在全面完成各年度煤改电任务的基础上，同步推进煤改电地区配网建设改造开展，实现配电自动化建设、供电能力提升、网架结构完善、设备健康水平提高一步到位。按照差异化原则，明确各规划分区配网的主要建设改造内容，综合概括为实现“六个百分百”的建设改造目标——配电自动化100%覆盖、供电能力100%满足、用户故障100%隔离、架空线路100%联络、非山区线路100%绝缘化、煤改电线路100%标准化。

二、A村煤改电建设情况

1. 村庄基本情况

A村村域面积1618亩，有村民269户，常住人口1065人，其中农业人口396人、非农人口155人，其余为非本地人口。2016年，A村完成煤改电建设，其中218户使用空气源热泵采暖设备、51户使用蓄热式采暖设备。

2. 主要工程建设量

煤改电工程投资520万元，户均2万元。工程累计新装400kVA配变3台、200kVA配变1台，换装315kVA配变为400kVA配变1台，新立15m电杆25基、12m电杆43基，新架95mm^{2}高压绝缘导线4500m，新架低压绝缘导线70mm^{2}共4220m、150mm^{2}共8569m，敷设各截面低压电缆2470m，新装低压地箱4座、墙箱15座、分支箱20座，更换低压接户线3465m。

3. 户均容量变化

改造前村内有315kVA柱上配变2台，总容量630kVA，户均容量2.3kVA。改造后村内共有400kVA柱上配变4台、200kVA柱上配变1台，315kVA柱上配变1台，总容量2115kVA，户均容量7.9kVA。

4. 标准化同步建设

与煤改电工程建设同步，对为该村供电的中低压线路进行标准化改造，实现10kV全绝缘化和多分段、多联络运行方式；合理划分台区供电范围，缩小低压供电半径，满足150m的标准要求；按照煤改电供电保障标准，建设台区间低压干线的联络。

三、10kV线路改造情况

为A村供电的10kV线路（图9-1）为肖庄路，肖庄路在进入村内前分别与10kV Y1路及10kV Y2路进行了联络，形成了双路电源供电方式。同时，A村6台配电配变位于X路两个线路分段上，且每个分段均与上述两条线路进行了联络，任一分段停电检修或出现故障，另外一个分段供电不受影响，运行方式灵活，供电可靠性高。

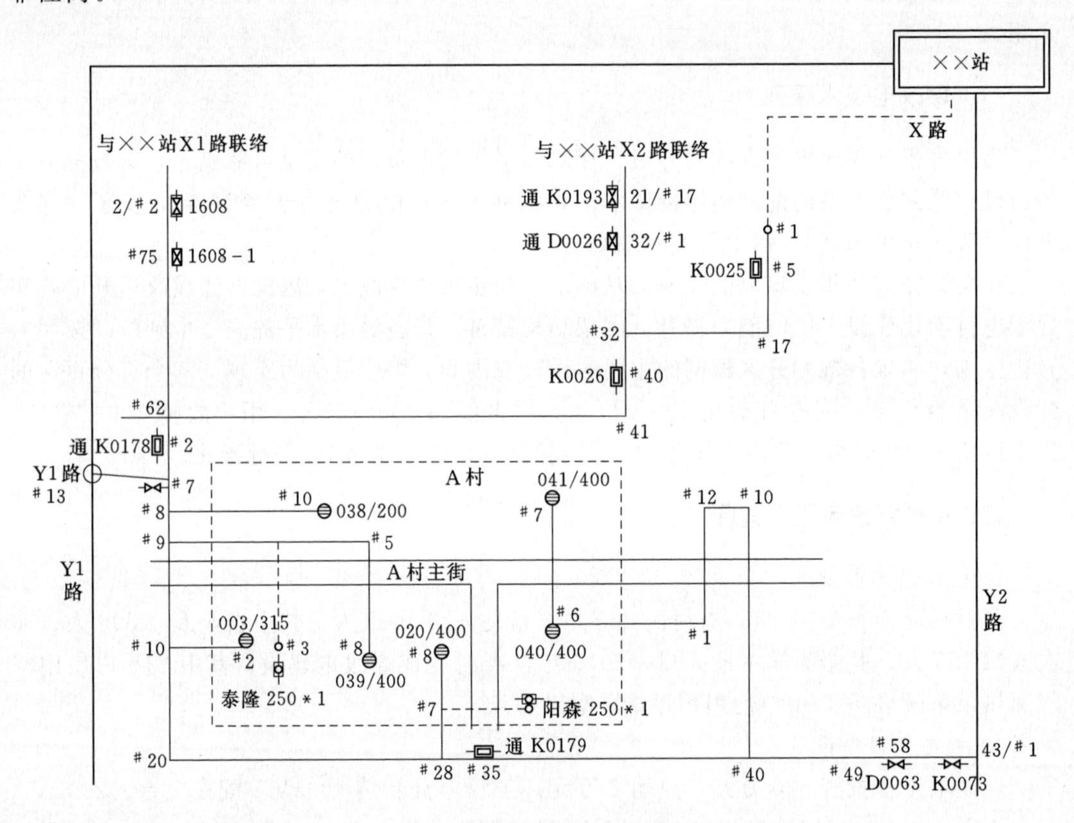

图9-1 A村10kV线路结构图

四、低压线路改造情况

1. 优化低压线路布设

低压线路电杆沿村内主要道路单侧架空布置，狭窄胡同内采用低压电缆供电，通过落地式或挂墙式低压电缆分支箱分配接入，解决了狭窄胡同内架空线与房屋安全距离不足的问题，提高了用电安全性。

2. 设置台区间的低压联络

结合A村6个配电台区配变空间位置将配变两两进行互联，低压联络方式为：在台区低压线路相邻点采用低压架空线路增加联络；在相邻布置的两台配变间通过低压电缆增加联络，如图9-2所示。低压联络实现了配变或低压线路检修时的不间断供电，提高了供电可靠性。同时，供暖季结束后，配变负载率较低时，将轻载配变全部负荷通过联络倒入另外一台配变，消除了配变空载损耗，提高了电网运行的经济性。

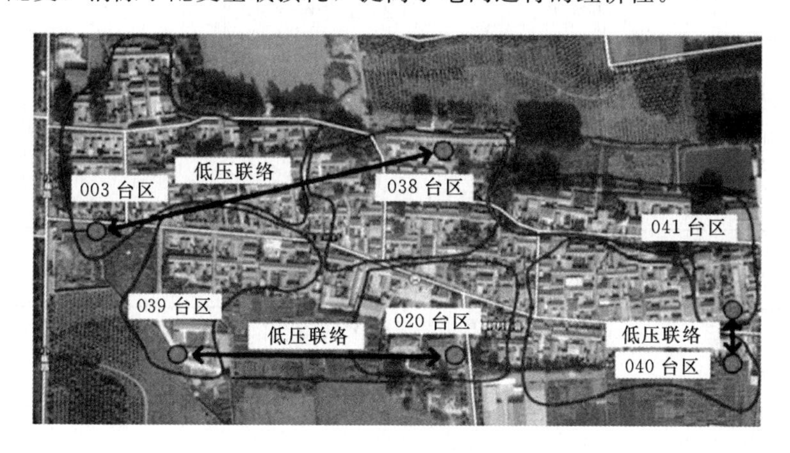

图9-2　A村低压联络示意图

3. 台区设置应急供电接入箱

每个台区增设应急发电车接入口，台区停电时，可通过发电车快速插头直接为低压线路供电，恢复用电负荷，减少现场敷设电缆时间，可进一步降低突发故障对用户造成的影响。

五、电采暖方案特点

××市最早从2002年开始在城市核心区开展煤改电建设，电采暖设备也经历了一个变化过程。早期，电采暖设备比较单一，多为直热式或蓄热式设备；后来，逐渐出现空气源热泵、地源热泵采暖设备。目前，除了采暖设备类型更丰富外，设备的发热方式也趋向多元的特点，以便更好地发挥各种发热方式的优点。各类采暖设备及其技术、经济特点见表9-1、表9-2。

表9-1　　采暖设备的技术特点比较

方案	工作原理	系统组成	峰谷使用情况	削峰填谷	电源要求	综合对比
1	空气源热泵谷电供暖，同时为相变储热，峰电储热体放热	空气源热泵+相变储热	谷段：热泵供暖，储热；峰段：储热体放热	满足	三相	采用三相供电，配网改造费用高，工程量大
2	一组热泵谷电供暖，另一组热泵为相变储热，峰电储热体放热	两组空气源热泵+相变储热	谷段：热泵供暖，储热；峰段：储热体放热	满足	单相	全部利用谷价电，能够对电网侧实现削峰填谷，技术可行

续表

方案	工作原理	系统组成	峰谷使用情况	削峰填谷	电源要求	综合对比
3	全天（谷电、峰电）供暖	空气源热泵	谷段：热泵供暖；峰段：热泵供暖	不满足	单相	不能实现电网侧的削峰填谷
4	热泵谷电储热，同时经储热体放热，峰电储热体放热	相变储热＋空气源热泵	谷段：热泵供暖，储热；峰段：储热体放热	满足	三相	采用三相供电，配网改造费用高，工程量大
5	直热谷电供暖，同时为相变储热，热泵峰电供暖，峰电储热体放热	直热＋空气源热泵＋相变储热	谷段：直热锅炉供暖，储热；峰段：6：00—9：00：储热体放热，9：00—18：00：热泵供暖，18：00—21：00：储热体放热	不完全满足	单相	利用部分峰电时段，充分利用空气源热泵的技术特点，能效比高，技术可行

表 9-2　采暖设备的经济特性比较

方案	系统组成	平均热负荷/kW	用电容量（输入功率）/kW			储热体容量/kW	总投资/元	日耗电量/kWh	供暖季补助后电费/元	经济性对比
			直热锅炉	储热体直热	总容量					
1	直热锅炉＋相变储热	9	24		24	135	34180	216	5776	初期投资较低，运行费用高
2	两组直热锅炉＋相变储热	9	9	15	24	135	35360	216	5776	初期投资较低，运行费用高
3	空气源热泵＋相变储热	9	8.6		8.6	135	46000	77.4	929	初期投资高，运行费用低
4	两组空气源热泵＋相变储热	9	3.2	5.4	8.6	135	49600	77.4	929	初期投资高，运行费用低
5	直热锅炉＋空气源热泵＋相变储热	9	9	5.4	14.4	135	43680	129	2651	运行费用和初期投资均无明显降低，无明显优势
6	空气源热泵	9	3.2		3.2		22000	76.8	3157	运行费用和初期投资较低
7	相变储热炉	9	24		24	135	32180	216	5776	初期投资较低，运行费用高
8	相变储热＋空气源热泵	9	8.6		8.6	135	44000	77.4	929	运行费用低，投资费用较高
9	直热＋空气源热泵＋相变储热	9	18	3.2	21.2	54	27680	163.8	2681	运行费用和初期投资较低，方案合理

从表 9-1 可以看出，方案 2、方案 5 采用单相供电，更符合农村地区配网多以单相电源入户的实际供电情况，电网侧的建设改造工作量相对三相供电更小；另外，方案 2、方案 5 可全部、部分利用电网负荷的谷段进行采暖，有助于实现电网的削峰填谷，利于电网安全稳定运行。因此，从技术上，这两个方案更可行。

接下来对采暖设备的经济特性进行比较，从表9-2可以看出，在平均热负荷均为9kW的情况下，9个方案在初期投资费用、运行费用方面各有特点：有的初期投资费用高、运行费用低；有的初期投资费用低、但运行费用低；也有的方案的初期投资费用、运行费用都偏高或偏低的情况。若以10年使用寿命对初期投资和运行费用进行总体比较，容易看出，上述方案的经济性按照方案2、方案1、方案7、方案5、方案4、方案3、方案9、方案6、方案8排列，方案2的经济性最差、方案8的经济性最好。其中，设备运行寿命越长，方案8的经济性越好。

注意：本典型应用中的各项数据为特定对象、特定情景下的结果，仅供参考。

第二节 配电网工程安全质量管控平台

一、背景

随着国家经济的飞速发展及国家政策的改变，大数据时代的到来，深化“互联网＋”管理理念已是大势所趋，同时《2016年政府工作报告》中关于“抓紧新一轮农村电网改造升级”的工作要求，明确配电网建设任务重要性，同时对施工过程安全质量管控提出较高的要求，传统的管控方式已无法满足管理需求，存在安全质量管控不到位、回忆式签证、缺陷整改不到位等现象。

二、主要做法

(1) 建设远程协理实时安全管控的Web终端。建设以安监部为主，协同配改办、建设部、营销部等部门，组建远程协理中心，工作人员实施三班倒远程监控，通过球机摄像头等监控设备，远程传输现场作业情况，实时掌握现场安全动态，实现全天候安全管控。

(2) 建成工程量验收廉政风险防范的手机App移动终端。运用“互联网＋”管理理念，铺设手机App移动终端管控网络，利用移动网络实时信息交互，严格执行一工序、一定位、一照片的“三个一”工作要求，规范工程验收准确性，直观掌握每个工程、每道工序施工情况，判断每个重点部位是否符合工艺质量要求，杜绝回忆式签证，确保每个部位、每个工序、每个工程工艺质量符合标准，工程验收无偏差，最终达到优质工程。

(3) 建立缺陷闭环整改的系统化流程。加强配电网工程安全质量管控，规范缺陷整改流程，构建“发现缺陷、制定方案、落实整改、成效验收、工作督办”五位一体的缺陷闭环整改体系，严格把好工程转序质量关，确保工程达到标准化建设要求，保证工程零缺陷投运，提升资产全寿命周期，提高配电网工程健康水平。

(4) 建造档案管理的标准体系。运用管控平台实施收集监理日志、隐蔽工程签证、设计变更佐证等过程性材料，提高佐证材料真实性、准确性，进一步完善档案资料信息，提升档案管理水平。

(5) 健全同质化的大数据管理平台。落实“三固定”（固定场所、固定人员、固定安全例行工作），“五统一”（统一方案与作业计划、统一安全教育培训、统一安全工器具管理、统一质量标准工艺、统一评价考核管理）工作要求，构建信息化统计平台，实时掌握施工项目部最新动态，督促施工单位严格执行“三级自检”的质量自控体系，严抓施工队伍现场施工工艺质量，运用大数据分析，进一步管控施工单位分包管理，做到施工质量、队伍管理双提升，督导项目部规范管理提升，推进施工项目部标准化建设，实现配电网工程施工项目部精益化管理。

（6）以“优质工程”为契机，管控平台为抓手，树立工程典型，充分发挥优质工程示范引领作用，以点带面促进配电网工程建设与管理工作，全面提高工程施工工艺质量，强化隐蔽工程、缺陷闭环整改管理，并逐步推广，实现工程标准化建设。

三、成效分析

1. 技术及管理创新点

（1）实时收集佐证材料，完善工程签证管理。优化完善隐蔽工程等签证流程，利用定位功能，杜绝佐证材料偏差问题，要求“一工序一照片”，改变传统的回忆式签证方式，直观掌握每个工程、每道工序施工情况，判断每个重点部位是否符合工艺质量要求，通过高标准的全方位管控手段，确保每个部位、每个工序、每个工程工艺质量，最终达到优质工程。

（2）优化变更流程，推进工作实效。施工过程实时发起变更流程，说明受阻情况，上传佐证材料，确保佐证材料真实性、准确性的同时缩短变更手续办理流程，有效推进工程施工进度。

（3）完善缺陷管理体系，确保工程零缺陷投运。运用平台记录缺陷内容，上传缺陷照片、给予整改意见、制定整改方案、跟踪整改情况，确认整改情况，最终做到闭环管理，保证零缺陷投运，提升资产全寿命周期，提高配电网工程健康水平。

（4）运用数据分析，强化同质化管理。依据日常信息录入，运用平台进行大数据分析，判断施工单位承载力，平衡施工力量，查看各队伍过往施工工艺质量，判断施工队伍技能水平，落实“三固定”“五统一”工作要求，实时掌握施工项目部最新动态，实现配电网工程施工项目部精益化管理。

（5）深化“互联网＋”理念，提升工作实效。深化“互联网＋”管理理念，运用Web终端和移动终端双轨运行，实时完成安全质量管控，提升工作实效，同时减轻一线班组工作压力，全面提升公司配电网建设管理水平。

2. 配网运行水平提升成效

管控平台有效填补了传统配电网管控模式的管理空白，满足配电网工程施工过程工艺质量管控需求，提高工程建设质量，确保零缺陷投运，减少应工程质量导致电网设备停电对社会生产生活用电的影响，保证电网可持续、安全、可靠供电，做到为电网企业多供少损的目标。

3. 社会、经济效益提升成效

（1）该管控平台引用“互联网＋”管理理念，有效降低现场的耗时耗能，按年度1000个配网建设与改造项目为例，即可节省企业成本50万元和时间成本3000h。

（2）管控平台优化各环节流程，缩短线路送电时间，以100项工程为例，电网实现多供电量4.5万kWh，新增产值2.25万元。

第三节　美丽乡村建设典型应用

一、案例背景

美丽乡村建设是在建设美丽中国的背景下，新农村建设的升级版。2013 年 2 月农业部发布《关于开展"美丽乡村"创建活动的意见》，正式在全国启动"美丽乡村"创建工作。电力部门作为关系到国计民生的基础设施建设部门，积极响应国家决策部署，配合各地政府开展美丽乡村电网升级改造。

美丽乡村电网升级改造总体要以《美丽乡村建设指南》为准绳，以各地实施方案和地方规范为标准。结合工程所在地整体建设要求，与其他基础设施建设相结合，与环境相协调，电力设施安全、美观、节能、环保，满足村民基本生产生活需要。

本案例为××供电公司结合地方政府美丽乡村建设安排的 A 村美丽乡村建设电力配套项目。A 村地处江南沿海平原地区，村落粉墙黛瓦、小桥流水，具江南水乡特色，但水、电、气、通信等基础设施薄弱，布局杂乱。其中为村庄供电的电力设施为架空线路，低压线路布线杂乱，"三线搭挂"现象普遍，乱拉乱接现象严重，杆塔排列不整齐，与环境很不协调。

根据 A 村美丽乡村规划建设方案关于供电设施的配套要求，××供电公司针对上述情况进行供电设施整治。

二、主要做法

（1）根据 A 村美丽乡村规划建设方案，考虑到村庄环境整治的总体效果，规划将电力、通信等地面设施进行入地改造。入地改造与原水、气地下管线改造同步实施。

（2）A 村美丽乡村规划建设方案对 A 村近中期经济发展、产业布局、用电需求进行了规划，根据近中期用电需求规划数据，将户均配变容量由原来的 8kVA 调整为 12kVA，通过本次美丽乡村建设电力配套项目一次建设完成。

A 村居民用户共 100 户，原由两台 400kVA 杆上配电变压器供电，本工程改为两座 630kVA 箱式变电站供电。箱式变电站布置在较空旷地带，同时尽量接近负荷中心，以保证至最远用户的供电半径满足供电质量要求。

（3）由于对村庄供电的 10kV 架空线路从村落外沿经过，对村庄整体景观影响不大，线路及相关设备运行状况良好，本着节约原则不对其进行入地改造。

原低压架空线路基本沿着村庄内巷道敷设到户，由于巷道狭窄，杆塔的布置造成交通不便，杆塔排列不整齐，部分杆塔上搭挂了广播、电视、通信线路，造成了入户线"空中蜘蛛网"现象，严重影响美观。所以项目对其全部进行电缆化改造，拆除电杆、低压架空线。

（4）供电部门会同电信、广播电视、水务、燃气等地方部门，对现场开展联合查勘，制订各类管线的联合布置方案及与低压电杆同杆架设的通信线路、广播电视线路迁移整治方案。在整个项目实施过程中，供电部门始终加强与相关单位的衔接配合，以尽可能实现全部基础设施施工同步开展，不造成相互影响和返工。

(5) 根据地下管线布置方案开展低压架空线入地改造设计。低压电缆线路采用电缆分支箱进行电力分配，部分地带入户采用集户表箱。设计方案上，对电缆分支箱和集户表箱的数量和布点位置主要考虑三个原则：一是至各居民户的供电半径满足要求；二是投资最经济；三是依据居民房屋布置和周边环境情况，注重与周围景观的协调，且不妨碍交通。

低压接户线使用电缆。低压接户线沿墙穿管敷设。敷设长度尽可能缩短，以增加美观性。

(6) 原随电杆安装的路灯和路灯电源线拆除后，对整个村落路灯重新设计布置，采用灯具节能、外形美观的路灯及路灯控制箱。

(7) 配电台区智能化改造，实行无线宽带专用通信网络，使智能台区现场管理平台、用电信息采集、应急快响服务等业务全部相互贯通。

三、建设成效

该项目对乡村原分布杂乱的电力设施进行了整治，拆除了有碍景观的架空低压线路和“蜘蛛网”状挂接的接户线，满足了环境整治的要求，助推了地方政府美丽乡村建设，未改造区域与改造区域对比如图 9-3 所示。通过改造，用户户均配变容量得以适当超前配置，满足了中长期经济发展需求。通过低压电缆分支箱的合理配置，缩短了低压线路供电半径，提升了供电质量，降低了线损。通过电缆化改造，提升了供电可靠性和农户用电安全性。

(a) 未改造区域

(b) 已改造区域

图 9-3(一) 未改造区域与改造区域对比

(c) 已改造区域

图 9-3(二)　未改造区域与改造区域对比

美丽乡村电力配套建设项目的做法，应该以因地制宜为原则。实践当中，可以有架空线路梳理、杆路合并拆除和线路“上改下”改造等多种手段，要根据原有设施的健康状况、美丽乡村建设目标以及项目实施后的经济效益、社会效益等多种因素进行综合考虑，合理选取建设规模和建设标准。

第四节　施工管理典型应用

一、背景

近年来，随着农村社会经济快速发展，电力需求持续保持快速增长，原有的农村电网难以满足负荷增长需要，暴露了许多问题，影响了农村电网的供电可靠性和供电质量。通过实施农村电网改造升级工程，可以尽快消除供电“卡脖子”“低电压”等问题，全面提高供电能力和供电质量，更好地服务于新农村建设。

但是，当前农村电网施工管理较为粗放，施工过程管控不严，施工质量不高的现象依然存在，标准化建设管理成为工程建设发展的必然趋势。只有全面提高自身技术水平、管理水平，才能确保工程质量。

二、主要思路和做法

(一) 实行标准化施工管理

(1) 健全工程施工组织机构。公司成立施工项目部，实行“日督办”和“周通报”制度，定期例会、定期通报、开展工程施工督查，动态掌握工程进度，及时解决施工中遇到的困难和问题。

(2) 理顺工程管理流程。公司各部门严格按照相关职责分工要求，群策群力，对施工全过程进行监督，有序高效推进农网改造升级工程进度。

(3) 严把过程验收关。由工程建设管理单位会同相关单位在竣工接火之前完成验收，确保一次性整改，实现“零缺陷”接火、送电，确保各工程项目“竣工一个，验收一个，合格一个”。

（4）加强安全管控确保施工安全。以施工安全保障工程实施为原则，层层签订安全责任状，明确安全责任人。

（二）执行标准化施工工艺

应用标准化施工工艺，认真开展现场标准化作业。强化工艺理论认识，细化施工工艺节点；关注细节，保证典型工艺执行率100%。

（三）创新工程管理

公司采用倒排工期的方法对工程工期实行刚性管理，制定倒排工期明细表并严格考核，确保所有工程如期完成；用两个“双到位”保证工程现场管理，即要求网改项目所在供电所每日必须派出专职人员在工程现场进行监督，业主项目部每日施工现场到位巡视。

（四）积极应用典型设计，大力推行标准化建设

公司按照省公司下发的农村电网改造升级施工工艺规范的要求，编写了《新农村农网工程建设标准工艺随身看图册》，手册图文结合通俗易懂，全面落实应用“三通一标”。

四、效果和经验

通过开展标准化工程管理，执行标准化施工工艺，应用成套化物料，有效解决了工程中的难题，大大提高了工程的实施效益。工程实施后，消除了农村用电“低电压”“卡脖子”“过负荷”等问题，线损指标和安全指标都较以前有很大改善，提升了农村地区电能质量，有利于进一步提高县供电企业电网建设质量和管理水平。

第五节 农村电网工程全过程联动审计管理典型应用

国家电网××公司深化落实10kV及以下农村电网工程全过程管理，超前做好审计工作，联动、互动、主动开展审计对接，以“防控风险、问题导向、保证质量、兼顾效率”为原则，深化“五位一体”在中低压农村电网工程项目审计管理中的应用，提前介入项目储备和初设，突出抓好项目开工、施工，竣工结算、决算四个阶段的联动审计，统筹集约内外部审计资源优势，促进中低压农村电网工程全过程规范管理。

一、工作背景及意义

近日，国家发展改革委下发了《关于“十三五”期间实施新一轮农村电网改造升级工程的意见》，明确提出实施新一轮农村电网改造升级工程，促进农村消费升级、带动相关产业发展和拉动有效投资。该项工作是一项民生工程，责任重大，任务艰巨，社会关注度高，亟需加强组织、规范管理。

国家电网××公司深化落实全过程联动审计，着力解决农村电网工程点多面广，应对工期紧、任务重的情况，加强工程规范管理，面临审计风险严峻等问题，致力于实现协力推进审计监督提前介入、全程覆盖，明确档案资料整理相关要求，提升工程档案资料规范性、可追溯性，实现工程建设管理全过程闭环。

二、工作思路及目标

为真正实现新一轮农村电网改造升级工程保质保量、规范管理，优质高效推进农村电网建设改造，××公司对10kV及以下电网工程深化落实全过程联动审计，协力推进审计监督提前介入、全程覆盖，明确档案资料整理相关要求，提升工程档案资料规范性、可追溯性，做到工程质量工艺“一模一样”、档案资料标准“一模一样”，工程建设管理全过程闭环，提高农村电网工程项目整体管理水平及规范性，深化落实农村电网工程全过程联动审计，减少审计风险。

三、典型经验主要做法

1. 提前介入项目储备及初设阶段联动审计

项目储备阶段，建立储备项目三级自查及结算审计人员提前介入机制。储备项目建立“运行管理单位、设计单位、项目管理单位”三级自审制度，项目外部审计人员全过程参与项目投资管理，特别是项目储备阶段，确保项目各环节预规及定额使用规范，过程变更及签证管控有效。

项目初设阶段，启动农村电网工程初步设计审计联动工作。按照农村电网工程全覆盖和突出事前监管的原则，从初步设计中随机抽取，抽查面覆盖所有批次项目，重点检查现场勘查报告、技术方案合理性、文件规范性、典型设计及标准物料的应用等，及时指导设计单位修正所发现的问题，有效提升设计质量。

2. 突出抓好项目“四个阶段”审计管控

项目开工阶段，全面打造“样板规范工程”。每批工程开工前，选定具有代表性的工程项目先行实施，经业主、监理、施工项目部联动审计验收组共同验收后作为“样板示范工程”，组织全部参建施工单位观摩学习，对各项工程资料、结算资料的提报进行指导，联动审计组审计无问题后，其他工程参照“样板示范工程”实施，以点带面，带动整体项目规范性和合法性水平的提升。

项目施工阶段，审计部门提前介入。一是会同项目管理部门（业主项目部）、监理项目部对工程单体进行中间抽检，形成中间验收记录，要求施工单位对单体中发现的同类问题进行整改。避免竣工验收时整改工作量大，时间紧而无法按要求整改的难题；二是竣工验收前会同施工单位和项目管理单位对工程资料提前介入，对资料的准确性进行抽检，发现问题提前整改，避免后期决算出现问题；三是项目实施过程中分阶段对施工现场抽查，及时反馈问题，要求施工单位及时整改并制定相应管理措施。

项目竣工结算阶段，按照“竣工一个、结算一个、审计一个、决算一个”的原则，打破项目包整理竣工后再进行结算审计的传统思路，及时开展农村电网项目审计、结决算，定期跟踪监测、分析通报，坚持工程档案与工程进度同步，督促及时建档、归档，组织开展工程档案检查，解决了农村电网项目单体较多、工程量大与结算审计时间短的矛盾。

项目决算阶段，从项目的合规性、真实性、效益性入手，重点审查项目投资立项、设计、招投标、合同管理、设备材料采购、工程管理、工程造价、竣工验收、财务管理等内容，确保各项数据真实有效，杜绝各项数据钩稽关系错误，确保据实结算，无超概算等现象的发生。

3. 整合外审人员与项目建设管理人员专业特长

强化管理培训，增强风险意识。定期邀请专家对中介机构（外审人员）和建设管理、实施人员进行培训，有效利用大讲堂、业务交流会等载体，按照中低压配农村电网升级改造项目全过程建设管理风险提示内容及工程管理的有关规章制度、规范、管理办法等进行业务指导和传输，增强工程建设管理人员的风险防范意识，让外审人员充分了解和熟悉电力系统的相关流程和规定，便于更好地开展联动审计工作，充分发挥审计监督职能。

四、典型经验成效分析

1. 项目管理机制规范，投资效益显著

通过深入开展全过程联动审计，有效发现了农村电网建设过程存在的各种问题，项目管理机制更完善，投资效益愈加显著。在农村电网标准化建设管理方面，其中通用设计应用率、通用物资应用率达到了100%，通用造价应用率达到了100%，标准工艺达标率达到了100%。农村电网项目储备准确合理、项目方案无反复更改，调整率为零；严格按照工程里程碑计划实施，农村电网优质示范工程覆盖率达到了100%，农村电网标准化建设水平得到全面提升。

2. 提高了农村电网项目整体管理水平及规范性

深化落实农村电网工程全过程联动审计，将审计监督贯穿于工程开工、施工、竣工结算、决算等重点环节，能及时发现和纠正招投标、合同管理、承发包、现场管理、投资控制等建设环节中常见的或苗头性的问题，督促建设单位加强内控管理，强化责任意识，明确各方在管理过程中处理有关问题的依据和规范，从而最大程度的引导和规范各方行为，避免出现瞎指挥、乱签证、随意变更等现象，促进建设单位规范运作、科学管理。

3. 深化落实农村电网工程全过程联动审计，减少审计风险

充分利用外部审计资源，按照中低压配农村电网项目全过程审计联动工作指南要求，突出抓好工程开工、施工、竣工结算、决算四个重点环节的联动审计监督，加强施工现场信息共享，促进监理履职，在满足工程质量、进度要求的前提下，重点关注现场、图纸、结算、决算的对应关系，做到账实相符，减少审计风险。

附　　录

附录一　工程竣工验收相关标准及使用说明

工程竣工验收需要依据相关标准和依据，全面检查工程设计、工程施工、设备材料购置是否符合标准要求。

一、工程设计

GB 50052《供配电系统设计规范》
GB 50053《10kV及以下变电所设计规范》
GB 50054《低压配电设计规范》
GB 50055《通用用电设备配电设计规范》
GB 50057《建筑物防雷设计规范》
GB 500603《110kV高压配电装置设计规范》
GB/T 50065《交流电气装置的接地设计规范》
GB/T 22239《信息安全技术　信息系统安全等级保护基本要求》
GB/T 19964《光伏发电站接入电力系统技术规定》
GB/T 29319《光伏发电系统接入配电网技术规定》
GB/T 50217《电力工程电缆设计规范》
DL/T 599《城市中低压配电网改造技术导则》
DL/T 5002《地区电网调度自动化设计技术规程》
DL/T 5202《电能量计量系统设计技术规程》
Q/GDW 156《城市电力网规划设计导则》
Q/GDW 370《城市配电网技术导则》
Q/GDW 382《配电自动化技术导则》
Q/GDW 738《配电网规划设计技术导则》
Q/GDW 212《电力系统无功补偿配置技术原则》
Q/GDW 462《农网建设与改造技术导则》
Q/GDW 11147《分布式电源接入配电网设计规范》
Q/GDW 480《分布式电源接入电网技术规定》
Q/GDW 617《光伏电站接入电网技术规定》
Q/GDW 11020《农村低压电网剩余电流动作保护器配置导则》
Q/GDW 11049《县域电力通信网建设技术导则》
Q/GDW 1564《储能系统接入配电网技术规定》
Q/GDW 594《国家电网公司信息化“SG186”工程安全防护总体方案》

Q/CSG 10012《城市配电网技术导则》
Q/CSG 1201001《配电自动化规划导则》
Q/CSG 1201012《配电线路防风设计规范》
Q/CSG 11501《35kV 及以下架空电力线路抗冰加固技术导则》
Q/CSG 115004《10（20）千伏及以下配网项目可行性研究内容深度规定》
Q/CSG 11102001《标准设计和典型造价总体技术原则》
国家电网公司电力电缆通道选型与建设指导意见（国家电网运检〔2014〕354 号）
机井通电工程典型设计（国家电网运检〔2016〕408 号）
分布式光伏扶贫项目接网工程典型设计（国家电网运检〔2016〕408 号）
配电网工程典型设计（2016 年版）（国家电网运检〔2016〕464 号）
配电网工程通用造价（试行）（运检三〔2014〕49 号）
配电网煤改电建设改造技术原则（试行）（国家电网运检）
配电线路故障指示器选型技术原则（试行）（运检三〔2016〕130 号）
就地型馈线自动化选型技术原则（试行）（运检三〔2016〕130 号）

二、设备材料

GB/T 6451《油浸式电力变压器技术参数和要求》
GB/T 14285《继电保护和安全自动装置技术规程》
GB/T 17468《电力变压器选用导则》
GB/T 19862《电能质量监测设备通用要求》
Q/GDW 513《配电自动化主站系统功能规范》
Q/GDW 463《非晶合金铁心配电变压器选用导则》
Q/GDW 741《配电网技术改造选型和配置原则》
Q/GDW 1354《智能电能表功能规范》
Q/GDW 1364《单相智能电能表技术规范》
Q/GDW 1827《三相智能电能表技术规范》
Q/GDW 1923《农网智能型低压配电箱检验技术规范》
Q/GDW 11221《低压综合配电箱选型技术原则和检测技术规范》
Q/GDW 1639《配电自动化终端设备检测规程》
Q/GDW 11289《剩余电流动作保护器防雷技术规范》
Q/GDW 1463《非晶合金铁心配电变压器选用导则》
Q/GDW 11377《10kV 配电线路调压器选型技术原则和检测技术规范》
Q/GDW 11378《10kV 开关站/配电室交流装置选型技术原则和检测技术规范》
Q/GDW 11379《10kV 开关站/配电室直流装置选型技术原则和检测技术规范》
Q/GDW 11380《10kV 高压/低压预装箱式变电站选型技术原则和检测技术规范》
Q/GDW 11381《电缆保护管选型技术原则和检测技术规范》
Q/CSG 1203005《南方电网电力二次装备技术导则》
Q/CSG 1203004.3－14《20kV 及以下电网装备技术导则》

国家电网公司电力电缆通道选型与建设指导意见（国家电网运检〔2014〕354号）

配电网建设改造标准物料目录（2016版）（运检三〔2016〕154号）

三、工程施工

GB 2894《安全标志及其使用导则》

GB 50303《建筑电气工程施工质量验收规范》

GB 50173《电气装置安装工程 35kV 及以下架空电力线路施工及验收规范》

DL/T 5161.1～17《电气装置安装工程质量检验及评定规程》

DL/T 5843《110kV 电网继电保护装置运行整定规程》

DL/T 634.5101《远动设备及系统第 5－101 部分传输规约基本远动任务配套标准》

DL/T 634.5104《远动设备及系统第 5－104 部分传输规约采用标准传输协议集的 IEC 60870－5－101 网络访问》

《工程建设标准强制性条文-电力工程部分》（2015版）

Q/GDW 744《配电网技改大修项目竣工验收技术规范》

Q/GDW 567《配电自动化系统验收技术规范》

Q/GDW 742《配电网施工检修工艺规范》

Q/GDW 643《配网设备状态检修试验规程》

《国家电网公司电力安全工作规程（配电部分）》（试行）（国家电网安质〔2014〕265号）

《国家电网公司电力电缆及通道工程施工安全技术措施》（基建安质〔2014〕11号）

四、标准使用说明

配网工程建设主要包括土建、电气两部分，涉及电力通道、电气一二次、配电自动化等众多专业。因此，工程设计、建设、设备材料方面的标准非常多，工程竣工验收过程中，用好、用对验收标准是很重要的事项，为此作如下说明。

（1）标准具有级别和承续性，上级标准的效力大于下级标准，下级标准不应违反上级标准。

（2）国家、部门、行业颁布的强制性标准必须执行，工程建设各方不得违反。

（3）不同标准的具体条款规定可能存在不同或差异，为避免验收工作中发生标准方面的争议，应在设计、施工等相关合同中说明工程建设执行的具体标准要求。

（4）工程建设中使用新技术、新设备、新工艺时，可能会遇到无现行标准的情况，为保证工程建设质量，保障各方利益，也为了保证验收工作顺利进行，应在合同中清晰说明具体验收要求。

（5）工程建设单位上级部门颁发的标准、规定是对上级及相关标准吸收后转化的成果，通常来自于具体实践，具有更细致准确、更有针对性等特点，在工程建设与验收工作中要切实执行。

（6）本附录中的标准并非农村电网改造升级工程全部标准，工作中可通过互联网查找国家、部门、行业颁发的相关标准。

（7）使用标准时，对于没有注明日期的，通常约定以最新版本的标准为准；对于注明日期的，则是以该日期颁布的标准为准，此日期之后的修改或新版标准不适用。针对重大事项，必要时可以直接在合同中以文字方式说明具体标准，以避免前述划分的麻烦及可能带来的争议。

附录二　某10kV开关站改造工程结算审核报告（模板）

某供电公司：

我公司受贵司委托，对某10kV开关站改造工程结算进行审核，结算审定金额为612144.45元（人民币金额大写：陆拾壹万贰仟壹佰肆拾肆元肆角伍分）。在审核过程中，我们依据国家及北京市现行的有关法律、法规、计费文件，对贵单位提供的资料实施了必要的审核程序。现将审核情况报告如下。

一、审核概况

受某供电公司委托，北京某工程管理有限公司对某10kV开关站改造工程结算进行审核。接到委托任务后，我公司组织专业人员对报审资料进行了仔细审核。对于所提供资料（洽商及合同）的完整性、真实性、合规性及与该项目的切实性由贵单位及施工单位负责，我们仅依据报审资料对所报结算金额的合理性发表意见。

二、项目概况

某10kV开关站改造工程依据初步设计图纸公开招标，确定本工程中标单位为某工程安装有限公司，合同总价为4113857.00元（人民币大写：肆佰壹拾壹万叁仟捌佰伍拾柒元整）。设计单位是某电力设计有限公司，监理单位某咨询有限公司。合同计划2015年10月15日开工，2015年12月31日竣工，总工期78日历天；实际2015年9月4日开工，2015年9月27日竣工，总工期24日历天。合同约定工程规模如下：新装高压柜22面、低压柜11面，新敷设ZC-YJY_{22}-8.7/15-3*300mm^2电缆60m，ZC-YJY_{22}-8.7/15-3*150mm^2电缆260m，控制屏5面，DTU屏1面，微机保护18台，保护管理机1台，ONU 1台，ODN 2台，室内一体化通信机箱1套。

该项目送审额为734145.45元。

三、审核依据

（1）某供电公司为发包人与承包人某工程安装有限公司2015年8月27日签订的《某10kV开关站改造工程施工合同》。

（2）经施工单位、监理单位、建设单位签章的《某供电公司某10kV开关站改造工程开工报告》。

（3）经施工单位、监理单位、建设单位签章的《某供电公司某10kV开关站改造工程竣工验收报告》。

（4）某电力设计有限公司出版的，经建设单位提供的《某供电公司某10kV开关站改造工程设计图纸》。

（5）定额采用国家能源局2009年4月21日发布的《20kV及以下配电网工程预算定额》。

（6）建设单位提供的某供电公司某10kV开关站改造工程结算书。

（7）建设单位签认的甲供材料清单。

（8）国家及地方颁布的相关规范、标准图集及相关计费文件。

四、审核说明

部分乙供材料单价错误，本次审核予以审减。

五、审减原因

部分乙供材料单价错误，本次审核已核减。

六、审核结果

送审金额：734145.45元

审定金额：612144.45元

审减金额：122001.00元

七、审核结论

本次审定金额为612144.45元。

附　表

附表一　物资质量抽检计划表

序号	项目部门	抽检部门	抽检负责人	供应商	产品名称	型号规格	中标批次	计量部门	批次中标数量	计划抽检数量	抽检比例	计划完成时间	抽样地点	检测地点	抽检方式

附表二　物资质量抽检实施方案

一、基本信息

抽检计划编号			
产品名称		产品型号	
供应商名称		电压等级/kV	
招标批次		项目部门	

二、抽检信息

抽检部门		抽检负责人	
抽检人员			
计划开始时间		计划完成时间	
取样数量		抽样地点	
检测地点		抽检方式	

三、抽检依据

抽检依据包括：采购标准；招标文件；投标文件；采购合同；抽检规范；抽检合同；相关国家及企业标准；相关图纸及工艺要求；其他抽样要求：抽样时，需对抽样过程（取样前、取样中、取样后）录像/拍照并存档。

录拍重点为：设备类包括吊装前、吊装中、吊装后；线缆类包括送检线缆轴、编号封样、剪裁前、剪裁中、剪裁后；其他材料类为随机抽取到货产品、对所送产品拍照，对编号封样过程进行拍照。送检样品必须保证完好无损，送检运输须由项目部门指定运输部门；货物送达时，运输部门、检测部门要做好交接事宜。

四、抽检项目

序号	抽检项目	具体要求	抽检数量

注　抽检项目根据物资分类，从技术规范书中获取，可根据实际情况进行筛选。

五、其他事项

序号	内　　容	备注
1		
2		

注　经合同双方商定，与合同、技术规范有差异的部分填入本表；其他未定事项均可填入此表。

附表三　物资质量抽检单

一、抽检联系单

事项紧急程度：　　　　　　　　　　　　　　　　　　　　编号：

致：×××公司（部门）
事由（主要事项）：

内容：

附相关材料

部门名称：（盖章）
联系人：
联系方式：
日期：

二、抽检回复单

编号：

致：×××公司（部门）
我方接到编号为的抽检工作联系单后，现回复如下：

（详细内容）
附：相关材料

部门名称：（盖章）
联系人：
联系方式：
日期：

三、产品抽检单

项目名称：
物资名称：
合同编号：
抽检时间：

序号	抽检项目	抽检内容	依据标准	抽检方式	抽检结果	备注
1						
⋮						
10	存在的问题					
11	评价及结论					
抽检人员签字						

附表四　抽检发现问题闭环管理单

抽检任务单号			试品编号		
省公司			项目部门		
产品名称			产品型号		
供应商			电压等级/kV		
抽检部门			抽样地点		
抽检负责人			检测地点		
抽检方式			检测完成时间		
招标批次					
序号	检测不合格项	标准值	实测值	原因类别	严重程度
1					
2					
抽检部门处理建议					
处理情况					
处理完成时间					
相关部门/部门签字确认	项目部门： 供应商： 其他：				
备注					

附表五　物资质量整改通知单（模板）

××公司：

为加强物资需求方与供应商的协同，共同保证电网设备材料质量，现将我部门在________（批次、时间等）抽检中发现的贵公司产品质量问题予以告知。供应商产品质量问题将作为今后评标参考依据，望贵公司高度重视，及时向相关业主部门反馈整改落实情况。

请贵公司收到函件后，及时转交给你公司负责人，并于××月××日前将回执的扫描件及整改报告以电子邮件形式发送至×××（部门、联系人）。电子邮箱________，联系电话________。

附录：1. 产品质量问题明细表；

2. 回执；

3. 关于整改报告的有关要求。

部门（盖章）

××××年××月××日

附表六　抽检不合格产品换货确认单

编号：

项目部门		供应商名称	
招标批次		工程项目名称	
规格型号		不合格产品的检验内容	
中标数量		换货数量	
合同交货期		发现问题日期	
项目部门（签字、盖章）			
供应商（签字、盖章）			
物资部门（签字、盖章）			

年　月　日

对抽检不合格产品供应商的处理决定：

在××××年××月××设备和材料抽检中发现，××供应商为××供电公司提供的××规格型号的设备或材料经检测质量不合格。存在的问题主要有：××

按照《××》规定及相关供货合同，对该供应商采取以下措施：

××

××部门（盖章）

年　月　日

附表七　供应商产品质量问题核查报告（模板）

我公司于××月××日，组织有关人员对××供应商的××质量问题进行了核实。现将核实情况报告如下：

一、工作组织

1.

2.

二、核查事项

1.

2.

三、结论

四、有关建议

1.

2.

××部门（盖章）

年 月 日

附表八 产品抽检报告（模板）

一、基本信息

抽检任务单号			
产品名称		电压等级/kV	
供应商名称		项目部门	
招标批次			

二、抽检信息

抽检部门		抽检负责人	
抽检人员			
抽样地点		计划抽检数量	
检测地点		实际抽检数量	
抽检方式		抽检合格品数	
时间		实际完成时间	

三、抽检依据

采购标准；招标文件；投标文件；采购合同；抽检规范；抽检合同；相关国家及企业标准；相关图纸及工艺要求；其他。

四、抽检结果

序号	产品名称	试品编号	产品型号	是否合格	备注
1	配变	试品一			
		试品二			
2	电缆	试品一			
⋮					
序号	产品型号	抽检数量	合格数量	合格率	备注

五、抽检情况分析

抽检产品的总体质量情况描述，不合格产品的共性及个性原因分析。不合格产品详细情况见下表：

不合格产品详细情况表

型号			试品编号		
序号	检测不合格项	标准值	实测值	原因类别	严重程度
1					
⋮					
处理建议					
备注					

附表九　物资质量抽检工作纪要（模板）

业主部门		供应商	
抽检产品名称		型号规格	
抽检方式		抽检数量	
工程项目名称		招标批次	
合同号		出厂编号	
抽检完成日期			
主要抽检内容（据实际选择）	一、协调合同供货进度计划情况 二、文件资料见证（提供复印件一套抽检小组带走，原件需要查看） 三、外观及原器件配置检查 四、制造工艺情况 五、性能参数测定 六、抽检出厂试验报告与本厂原出厂试验报告的比较 七、质量责任主体		
存在的问题、定性及原因分析			

续表

处理措施 （含制造厂整改措施）		
业主方要求		
厂方承诺		
参会人员签字	业主方： 供应商：	抽检部门： 其他

附表十　物资质量抽检项目表（电网公司参考标准）

序号	物资类别	电压等级	抽检项目	抽检内容及依据
1	配电变压器	10(6)～20kV	电压比测量及联结组标号检定	检查各绕组匝数平衡、绕向比正确，端子标志正确，分接开关引线与指示器标志符合设计要求。额定分接电压比允许偏差为±0.5%，其他分接偏差应在变压器阻抗值（%）的十分之一以内，但不得超过1%
2			绕组直流电阻测量	导线、引线和绕组的焊接质量，与分接开关引线及套管载流接触良好，导线规格符合设计要求，测量线电阻、相电阻。依据GB/T 6451
3			雷电（全波）冲击试验	依据GB/T 1094.4《电力变压器　第4部分：电力变压器和电抗器的雷电冲击和操作冲击试验导则》
4			外施耐压试验	对变压器进行感应进行线端外施耐压试验，要求再规定电压、规定时间内无异响，电压、电流无异常。依据GB/T 1094.3
5			短路承受能力试验	变压器在任何分接头时都应能承受最大短路热稳定电流3s，各部位无损坏和明显变形，短路后绕组的平均温度最高不超过250℃。短路耐受能力应满足GB 1094.5规定
6			短路阻抗及负载损耗测量	检测绕组之间套装间隔距离，与铁芯同心度符合要求，铜导线设计规格等都会影响负载损耗和短路阻抗。要求抽检试验电源可用三相或单相，试验电流可用额定电流或较低电流值。依据GB/T 6451
7			空载电流及空载损耗测量	试验时，应采用平均值电压表，当有效值电压表与平均值电压表读数之差大于3%时，应商议确定试验有效性。怀疑有剩磁影响测量数据时，应要求退磁后复试。依据GB/T 1094.3
8			温升试验	温升试验，即验证产品在额定工作状态下，变压器主体产生的总损耗与散热装置热平衡的温度是否符合有关标准的规定。依据GB 1094.2《电力变压器　第2部分：液浸式变压器的温升》
9			感应耐压试验	要求在规定电压、规定时间内无异响，电压、电流无异常。依据GB/T 1094.3
10			局部放电试验（干式变压器）	检测干式变压器绕组的局部放电量。依据GB/T 7354局部放电测量

续表

序号	物资类别	电压等级	抽检项目	抽检内容及依据
11	配电变压器	10(6)～20kV	绕组绝缘电阻测量	绝缘电阻：用2500V绝缘电阻表，高压绕组大于或等于1000MΩ，其他绕组大于或等于5000MΩ
12			变压器过载试验	在起始负荷80%、环境温度40℃的条件下，过负荷50%允许运行120min。变压器最热点温度不超过140℃，变压器油顶层油温不超过95℃。供应商应在变压器出厂资料中提供过载能力数据及允许过负荷运行时间
13			绝缘油试验	变压器油应完全符合GB 2536和GB/T 7595所规定的全部要求
14			声级测量	检测变压器空载、负载情况下计权声级。依据GB/T 1094.10
15			油箱密封性试验（油浸式变压器）	（1）波纹油箱膨胀系数应不小于1.3倍，并应在规定的工作条件、负荷条件下运行不应有渗漏油现象。波纹式油箱（包括带有弹性片式散热器油箱）的变压器：315kVA及以下者应承受20kPa的试验压力；400kVA及以上者应承受15kPa的试验压力。 （2）油箱放油阀应采用双密封结构。 （3）一般结构油箱的变压器（包括储油柜带隔膜的密封式变压器）应承受40kPa的试验压力。 （4）内部充有气体的密封式变压器，油箱上部应承受60kPa的试验压力
16			有载分接开关试验	依据GB 10230.1《分接开关 第1部分：性能要求和试验方法》 GB/T 10230.2《分接开关 第2部分：应用导则》 分接开关应有定位措施，并采用双密封结构
1	箱式变电站	10(6)～20kV	电压比测量及联结组标号检定	检查各绕组匝数平衡、绕向比正确，端子标志正确，分接开关引线与指示器标志符合设计要求。额定分接电压比允许偏差为±0.5%，其他分接偏差应在变压器阻抗值（%）的十分之一以内，但不得超过1%
2			绕组直流电组测量试验	导线、引线和绕组的焊接质量，与分接开关引线及套管载流接触良好，导线规格符合设计要求，测量线电阻、相电阻。依据GB/T 6451
3			变压器外施耐压试验	对变压器进行感应进行线端外施耐压试验，要求再规定电压、规定时间内无异响，电压、电流无异常。依据GB/T 1094.3
4			低压开关柜介电强度试验	测量成套设备的每个带电部件（包括连接在主电路上的控制电路和辅助电路）和内连的裸露导电部件之间；测量主电路每个极和其他极之间；检查没有正常连接到主电路上的每个控制电路和辅助电路；对于断开位置上的抽出式部件，穿过绝缘间隙，测量电源侧和抽出式部件之间，以及在电源端和负载端之间。依据GB 7525.1
5			油浸负荷开关、高压断路器	机械操作试验；工频耐压试验；检查回路电阻；依据GB 1984
6			电压互感器、电流互感器	检测绝缘水平、局部放电。依据GB 1207

续表

序号	物资类别	电压等级	抽检项目	抽检内容及依据
7	箱式变电站	10(6)～20kV	高压辅助回路工频耐压试验	电压施加在辅助和控制回路与开关装置的底架之间。电压施加在辅助和控制回路的每一部分与连接在一起并和底架相连的其他部分之间。依据 GB/T 11022.7.2
8			高压柜主回路的绝缘试验	依次将主回路及其连线的每相导体与试验电源的高压端连接，同时，其他各相导体接地，并保证主回路的连通。根据电压等级施加不同的工频耐受电压 1min
9			短路阻抗及短路损耗测量	检测绕组之间套装间隔距离，与铁芯同心度符合要求，铜导线设计规格等都会影响负载损耗和短路阻抗。要求抽检试验电源可用三相或单相，试验电流可用额定电流或较低电流值。依据 GB/T 6451
10			空载电流及空载损耗测量	试验时，应采用平均值电压表，当有效值电压表与平均值电压表读数之差大于 3%时，应商议确定试验有效性。怀疑有剩磁影响测量数据时，应要求退磁后复试。依据 GB/T 1094.3
11			变压器温升试验（难度大）	温升试验，即验证产品在额定工作状态下，变压器主体产生的总损耗与散热装置热平衡的温度是否符合有关标准的规定。依据 GB 1094.2
12			高压主回路电阻的测量	用直流来测量每极端子间的电压降或电阻，试验电流应该取 50A 到额定电流之间的任一方便的值（100A）。依据 GB 3906.7.3
13			高压开关装置的机械特性和机械操作试验	机械特性及操作检验（按操作方式分、合各操作 5 次）。依据 GB 3906
14			感应耐压试验	要求在规定电压、规定时间内无异响，电压、电流无异常。依据 GB/T 1094.3
15			局部放电量（干式变压器）	检测干式变压器绕组的局部放电量。依据 GB/T 7354《局部放电测量》
16			绝缘油试验	变压器油应完全符合 GB 2536 和 GB/T 7595 所规定的全部要求
17			声级测量	检测变压器空载、负载情况下计权声级。依据 GB/T 1094.10
18			保护电路有效性验证	应验证成套设备的不同裸露导电部分是否有效地连接在保护电路上。依据 GB 7595.1
19			箱变温升（难度大）	检测箱式变电站整体的温升。检测各元件的温升。GB 17467
20			变压器绝缘电阻的测量	绝缘电阻：用 2500V 绝缘电阻表，高压绕组大于或等于 1000MΩ，其他绕组大于或等于 5000MΩ
21			低压柜绝缘电阻测试	测量绝缘电阻
22			绕组绝缘电阻测试	测量绝缘电阻
23			绝缘油试验	变压器油应完全符合 GB 2536 和 GB/T 7595 所规定的全部要求

续表

序号	物资类别	电压等级	抽检项目	抽检内容及依据
24	箱式变电站	10(6)～20kV	声级测量	检测变压器空载、负载情况下计权声级。依据 GB/T 1094.10
25			箱体外观	检查外壳材质材料、防护等级、防火性能。检查铭牌数据、警示牌及标示牌。依据 GB 2536
26			高压柜体一般检查	元器件一般检查和导线规格检查；柜体外形尺寸检查；标牌检查；柜体外观检查；电镀件检查；紧固件检查。布局检查；防护等级检查。依据 GB/T 11022
1	避雷器	10kV	局部放电试验	最大局部放电量 10pC
2			直流参考电压试验	通过直流 1mA 时测出避雷器上的电压
3			0.75 倍直流参考电压下漏电流试验	漏电流≤50μA
4			持续电流（全电流和阻性电流）试验	
5			工频参考电压（同时记录参考电流值）试验	电压≥17kV
6			密封试验	避雷器应有可靠的密封结构，在其寿命期内不应因为密封不良而影响运行性能，具体密封试验应采用有效的试验方法进行
1	环网柜（断路器、负荷开关、组合电器）	10kV	设计和外观检查	环网柜的柜体应采用不小于 2mm 的敷铝锌钢板弯折后拼接而成，柜门关闭时防护等级应不低于 GB 4208 中 IP41，柜门打开时防护等级不低于 IP2X，电动操作机构及二次回路封闭装置的防护等级不应低于 IP55。环网柜体颜色采用 RAL7035
2			主回路绝缘试验	依次将主回路及其连线的每相导体与试验电源的高压端连接，同时，其他各相导体接地，并保证主回路的连通。根据电压等级施加不同的工频耐受电压 1min
3			温升试验	（1）试验要求按 DL/T 593 的规定，对环网单元通入 1.1 倍的额定电流进行试验。对组合电器单元（或含有熔断器）的环网单元进行试验时，组合电器应按 GB 16926 的规定通入 1.0 倍额定电流进行试验； （2）温升试验应按正常使用条件安装，包括所有外壳、隔板等，并且在试验时应将盖板和门关闭； （3）对某一单元的环网单元进行温升试验时，主母线及两边相邻的环网单元应通以电流，该电流所产生的功率损耗应与额定情况下相同。如果无法做到与实际工作条件一致，则允许以加热或隔热的方法来模拟其等价条件； （4）对于断路器、负荷开关、负荷开关一熔断器组合电器三种单元的温升试验应分别进行，不可互相替代； （5）试验结果判定：按 DL/T 593 的规定，熔断器的温升应符合 GB/T 15166.2 中的规定，温升试验后主回路的电阻变化不得大于温升试验前的 20%

续表

序号	物资类别	电压等级	抽检项目	抽检内容及依据
4	环网柜（断路器、负荷开关、组合电器）	10kV	主回路电阻测量	（1）试验要求按 DL/T 593 的规定进行，其电阻值由产品技术条件规定。短路实验前后电阻变化不得大于 20%； （2）为了排除熔断器固有电阻分散性对回路电阻的表征产生影响时，可用阻抗可以忽略不计的导电棒代替熔断器后，进行直流电阻测量，此时应对导电棒的直流电阻进行记录； （3）当额定电流等于或大于 100A 时，应以电流、电压法测量； （4）固体绝缘金属封闭开关设备和控制设备主回路两端之间的电阻值表示电流通路是否在正常状态，该电阻测量值供出厂试验参考； （5）对于与型式试验所用典型功能单元相同的产品，其出厂试验电阻值的限值为 $1.2R_u$（R_u 为型式试验时温升试验前测得的电阻值）
5			额定短路关合能力试验	短路关合和开断试验、容性电流开合试验按 DL/T 402 规定进行，电寿命试验按 DL/T 403 规定进行
6			额定短路开断能力试验	短路关合和开断试验、容性电流开合试验按 DL/T 402 规定进行，电寿命试验按 DL/T 403 规定进行
7			主回路和接地回路的短时和峰值耐受电流试验	（1）短时耐受电流和峰值耐受电流试验适用于断路器、负荷开关，对负荷开关一熔断器组合电器不适用。但考虑到组合电器的其他功能单元或支路（如接地开关、接地回路等），要求进行短时耐受电流和峰值耐受电流试验时，按 DL/T 593 规定进行； （2）环网单元应进行铭牌所规定的峰值耐受电流及短时耐受电流的试验，试验方法应符合 DL/T 593 中的规定，在三相回路上进行。在同一产品中有两种以上短时耐受电流及峰值耐受电流值时，如果结构及其所有组件和导体截面（如为设计最小截面）规格均相同，若已按规定的最大值进行试验，并通过了试验，对规定的较低值可以不进行试验； （3）在同一系列产品中（包括电压互感器单元在内），在进行出线柜试验时，应采用方案中最小额定电流配置的试品进行试验。在试验中，除为限制短路电流值和短路持续时间而装设的保护装置外，应保证其他的保护设施不动作。试验后，试品内的组件和导体不应产生有损于主回路正常工作的变形和损坏； （4）接地回路的试验按 DL/T 404 的规定进行。试验后，接地导体与接地网连接的汇流排等允许有一定程度的局部变形，但必须维持接地回路能继续正常工作。 接地装置的短路电流试验应使用额定相数，为了验证接地装置和接地点之间连接回路的性能，需进一步进行单相试验。 试验后，允许接地导体、接地连接或接地装置有某些变形或损坏，但必须保持接地回路的连通，接地装置应能分开。外观检查足以判定是否仍然保持回路的连续性。 如果对某个接地连接的连续性有怀疑，应从该接地连接到规定的接地点间通以直流 30A 电流来验证，电压降不应超过 3V

续表

序号	物资类别	电压等级	抽检项目	抽检内容及依据
8	环网柜（断路器、负荷开关、组合电器）	10kV	机械特性及机械操作试验	（1）除另有规定，试验应在试验现场周围空气温度下进行； （2）环网单元内主回路所装的断路器、负荷开关、隔离开关、接地开关的机械性能试验，在规定的操作电压范围内进行，应符合各自技术条件的要求； （3）断路器（负荷开关）、隔离开关、接地开关应操作50次，可插拔部件应插入、抽出各25次，以检验其操作是否良好； （4）环网单元中各组件均应按各自要求进行机械稳定性的考核。断路器、负荷开关、隔离开关分别按DL/T 402、GB 3804、DL/T 486中的相关规定进行。接地开关如果与隔离开关组合成一个整体，在进行隔离开关试验时，同时也进行接地开关的试验；如分别为两个组件，应按DL/T 486中的规定进行机械稳定性考核； （5）机械联锁部件的机械稳定性考核，按DL/T 593中的规定进行； （6）进行机械稳定性试验前后的高压电器组件、部件，均应测量它的主回路电阻，其值应符合各自技术条件的要求，并应按本标准6.6.3的规定进行温升试验，其二次回路应保证性能良好； （7）绝缘外壳的机械强度应当用冲击试验来考核，其冲击力应加在外壳最薄弱的地点（如观察窗）
9			一次设备与终端配合调试	（1）对于配备二次终端的环网单元还需要进行一次设备与终端的配合调试； （2）指示功能，终端指示状态与一次环网单元的状态应当一致，包括电源指示、位置指示、储能指示、相间过电流指示、零序过电流指示等； （3）控制功能，将环网单元设置为“远方”状态，通过终端进行合分操作不少于5次，环网单元均应当可靠动作； （4）电气连锁功能，当环网单元处于分闸接地状态时，终端遥控环网单元合闸时，环网单元应当不动作； （5）零序保护动作试验，该项试验适用于分界环网单元。要求该项试验最少分别在3个挡位上进行，且环网单元均能够可靠分闸，终端能正确显示零序过电流信号； （6）相间保护动作试验，该项试验适用于分界环网单元。要求该项试验最少分别在3个挡位上进行，且最少在2相上进行重复测试，环网单元均能够可靠分闸，终端能正确显示相间过电流信号
10			防误操作装置或电气、机械联锁装置功能的试验	（1）机械联锁和电气闭锁应符合“五防”规定； （2）连锁装置的机械操作试验，按DL/T 593的规定进行
1	柱上开关	12kV	爬电距离测量-柱上断路器-绝缘拉杆	多个绝缘件组成时，总爬电距离为各个绝缘件最短距离之和。依据Q/GDW 152

续表

序号	物资类别	电压等级	抽检项目	抽检内容及依据
2	柱上开关	12kV	机械特性测试-柱上断路器	(1) 触头开距、超程、分闸时间、合闸时间、弹簧储能时间应符合规定； (2) 除特别要求外，三相合闸不同期不大于 2ms，三相分闸不同期不大于 2ms； (3) 真空断路器合闸弹跳，40.5kV 以下不应超过 2ms，40.5kV 以上不应超过额定开距的 20%。 依据 GB/T 3309、GB 1984
3			机械操作试验-柱上断路器	(1) 动作电压试验：操作电压在额定值的 80%～110% 范围内可靠合闸，操作电压在额定值的 65%～110% 范围内可靠分闸，并测量其机械特性参数和特性曲线。当操作电压低于额定值的 30% 时，不应分合闸。 (2) 每一个开关装置和可移开的部件应按标准规定进行试验，每种操作均为 5 次； (3) 特殊使用要求的、需频繁操作的断路器进行机械寿命试验，循环操作次数由订货部门和制造商共同商定。 依据 GB/T 3309、GB 1984
4			断路器结构、外观检查（含二次回路）	(1) 整体结构完好，外观无缺损、变形、无脏污、锈蚀；绝缘支撑件无裂纹、破损；铸件无裂纹、砂眼； (2) 铭牌、标志牌内容正确、齐全，布置规范，各项参数符合设计要求； (3) 安装使用说明书的内容齐全、详尽
5			回路电阻测量-柱上断路器	(1) 试验电流推荐为 100A； (2) 阻值符合产品技术条件要求。 依据 GB/T 11022
6			绝缘试验-柱上断路器	1min 工频耐受电压 42kV（相对地）、48kV 断口； 依据 GB/T 11022
7			二次绕组绝缘试验	(1) 耐压试验前测试二次绕组对地绝缘电阻； (2) 未出现闪络或击穿。 依据 GB/T 22071
1	电力电缆	10(6)kV～35kV	工频电压试验	三芯电缆所有绝缘线芯都要进行试验，电压施加于每一根导体和金属屏蔽之间，电缆应无击穿。依据 GB/T 12706、GB/T 3048.8
2			半导电绝缘屏蔽剥离试验	绝缘屏蔽剥离力剥离后的表面质量，剥离力不小于 8N，不大于 45N。绝缘表面无损伤、无半导电屏蔽残留。依据 GB/T 12706
3			护套老化前机械性能试验	抗张强度、断裂伸长率。依据 GB/T 2951.11、GB/T 12706
4			聚氯乙烯外护套热失重试验	外护套失重（100℃，7d）；依据 GB/T 2951.32
5			绝缘老化前机械性能试验	抗张强度、断裂伸长率。依据 GB/T 2951.11、GB/T 12706
6			绝缘热延伸试验	负荷下伸长率和冷却后的永久伸长率（200℃/15min，20N/cm²）

续表

序号	物资类别	电压等级	抽检项目	抽检内容及依据
7	电力电缆	10(6)kV～35kV	阻燃电缆成束燃烧试验	炭化高度。依据 GB/T 2951.41
8			电缆结构检查和尺寸测量	导体结构，根数，外径，绝缘，内外屏蔽，外护套（最薄点）平均厚度，铜（钢）带厚度×宽度×层数，搭盖率、电缆外径测量、电缆标志检查。依据 GB/T 2951.11
9			局部放电测量	检测灵敏度为 5pC 或更优，试验电压应逐渐升至 $2U_0$ 并保持 10s 然后慢慢降到 $1.73U_0$，在 $1.73U_0$ 下无任何又被试电缆产生的超过声明灵敏度的可检测到的放电。依据 GB/T 12706
10			聚乙烯外护套炭黑含量	炭黑含量。依据 GB/T 2951.41
11			绝缘偏心度	偏心度为在同一断面上测得的最大厚度和最小厚度的差值与最大厚度比值的百分数，测量不大于 10%。炭黑含量。依据 GB/T 2951.11
12			绝缘收缩试验	收缩率不大于 4%，依据 GB/T 2951.13
1	架空绝缘电缆——电缆本体	10kV	4h 工频电压试验	要求普通绝缘结构 18kV，1min 不击穿；轻薄型绝缘结构 12kV，1min 不击穿。依据 GB/T 14049
2			工频电压试验	要求普通绝缘结构 18kV，1min 不击穿；轻薄型绝缘结构 12kV，1min 不击穿。依据 GB/T 14049
3			绝缘热延伸试验	负荷伸长率不大于 125%，冷却后的永久伸长率不大于 10%。依据 GB/T 2951.21
4			$\tan\delta$ 与电压关系试验	在 3kV、6kV、12kV 下测量 $\tan\delta$，3kV 下 $\tan\delta$ 不大于 0.004，6kV 到 12kV 不大于 0.002。依据 GB/T 14049
5			$\tan\delta$ 与温度关系试验	在 2kV 下测量 $\tan\delta$，室温下 $\tan\delta$ 不大于 0.004，90℃下 $\tan\delta$ 不大于 0.008。依据 GB/T 14049
6			局部放电测量	检测灵敏度应为 5pC 或更优，电压应逐渐升至到 10.8kV 并保持 10s 然后慢慢降到 9kV，在 9kV 下测得的放电量不大于 20pC。依据 GB/T 14049
7			半导电绝缘屏蔽剥离试验	绝缘屏蔽剥离力剥离后的表面质量，剥离力不小于 8N，不大于 45N。绝缘表面无损伤、无半导电屏蔽残留。依据 GB/T 14049
8			导体及承载绞线拉力试验	对电缆导体和承载绞线分别进行拉力试验。依据 GB/T 14049
9			绝缘黏附力（滑脱）试验	滑脱力不小于 180N。依据 GB/T 14049
10			老化前绝缘机械性能试验	抗张强度、断裂伸长率。依据 GB/T 14049
11			冲击电压试验	普通绝缘结构：95kV，正负极性各 10 次，不击穿；普通轻型薄绝缘结构：75kV，正负极性各 10 次，不击穿；依据 GB/T 14049
12			电缆结构检查和尺寸测量	导体结构、根数、外径、绝缘、内外屏蔽、外护套（最薄点）平均厚度、电缆外径测量、电缆标志检查

续表

序号	物资类别	电压等级	抽检项目	抽检内容及依据
1	线路绝缘子——瓷绝缘子	10kV	尺寸偏差检查	尺寸偏差应符合如下规定（d 为检查尺寸，mm）： （1）结构高度偏差：±（0.03d+0.3)mm； （2）盘径偏差：d≤300 时，±（0.04d+1.5)mm；d>300 时，±（0.025d+6)mm； （3）爬电距离偏差：±（0.04d+1.5)mm； （4）偏移：轴向偏移不大于 0.04Dmm（D 为绝缘子最大盘径，mm）；径向偏移不大于 0.03Dmm
2			外观检查	瓷件应符合 GB/T 772、GB/T 1001.1 产品图样的规定，伞缘变形度不应导致伞的上表面产生积水现象。瓷件应均匀、致密、完全烧结，以达到所保证的机械和电气强度及30年以上的使用寿命。瓷件除在验收标准限度内的缺陷外，应光滑，无翘缺、裂缝、砂眼气泡、层理、凸点、外物及其他缺陷。160kN 及以上绝缘子瓷件应逐个进行内水压试验，试验方法参见 GB/T 775.3 第 9 条
3			击穿耐受试验	冲击击穿（≥160kN）
4			机电破坏负荷试验	按 GB/T 1001.1、GB/T 775.3 进行
5			工频火花试验	按 GB/T 1001.1 进行，应连续施加电压 3～5min，且试验电压应足够高使得每只绝缘子表面均有零星的火花或偶闪（几秒钟一次）。对于 10～750kV 用耐污型绝缘子，工频试验电压应不低于同强度等级普通型绝缘子的工频火花放电试验电压或试验电压不低于 90kV。对于 1000kV 用绝缘子，绝缘子表面应有零星的火花或偶闪（几秒钟一次），并且在工频火花试验前还应进行高频（100～500kHz、至少 3s 的连续火花放电）火花试验，且在试验条件不降低的情况下电气逐个试验剔除率不大于 0.5%
6			锁紧销检查	（1）锁紧销应符合 GB/T 25318 和 GB/T 1001.1 的规定。球头和球窝连接的绝缘子应装备有可靠的开口型锁紧装置。120kN 及以上应采用 R 型销。R 型销应有两个分开的末端使其在锁紧及松开的状态下，防止它完全从球窝内脱出； （2）锁紧销应采用奥氏体不锈钢或其他耐锈蚀性材料制作，并与绝缘子成套供应。为防止脱漏，销腿末端弯曲部分尺寸严格满足标准规定。把锁紧销的末端分开到 180°，然后扳回到原来的位置时用肉眼检查应无裂纹； （3）锁紧销的装配应使用专用工具，以免损坏金属附件的镀锌层
1	电力金具	10kV	外观尺寸、组装、热镀锌锌层、破坏载荷	尺寸及公差，应保证金具满足规定的机械及电气性能要求表面应光洁、平整，不应有裂纹等缺陷；重要部位（指不应降低机械载荷的部位）不应有缩松、气孔、砂眼、渣眼、飞边等缺陷；与导线接触面及与其他零件连接的部位（接续管与压模的压缩部位以及有防电晕要求的部位），不应有胀砂、结疤、凸瘤等缺陷；电气接触面，不应有碰伤、划伤、凹坑、凸起等缺陷。依据 GB/T 2317.4

续表

序号	物资类别	电压等级	抽 检 项 目	抽检内容及依据
1	混凝土电杆	10kV	外观质量要求	预应力混凝土电杆和部分预应力混凝土电杆不得有环向和纵向裂缝。钢筋混凝土电杆不得有纵向裂缝，环向裂缝宽度不得大于0.05mm。模边合缝处不应漏浆。但如漏浆深度不大于3mm、每处漏浆长度不大于100mm、累计长度不大于杆长的4%、对称漏浆的搭接长度不大于100mm时，允许修补。钢板圈（或法兰盘）与杆身结合面不应漏浆。但如漏浆深度不大于3mm、环向长度不大于1/6周长、纵向长度不大于20mm时，允许修补。局部不应碰伤。但如碰伤深度不大于10mm、每处面积不大于50cm^{2}时，允许修补。预留孔周围混凝土损伤深度不大于4mm。不允许有内、外表面露筋大于钢板厚度的1.5倍且不小于20mm。依据GB/T 4623
2			尺寸允许偏差	杆长尺寸允许偏差＋20mm至－40mm；壁厚允许偏差＋10mm至－2mm；外径允许偏差＋4mm至－2mm；保护层厚度允许偏差＋8mm至－2mm；弯曲度允许偏差≤L/800。依据GB/T 4623
3			力学性能	检验方法按照GB/T 4623中6.5节规定进行
4			混凝土	采用强度等级不低于42.5级的硅酸盐水泥、普通硅酸盐水泥、矿渣硅酸盐水泥，抗硫酸盐硅酸盐水泥，其性能应符合GB 175、GB 748规定。细集料采用中粗砂，细度规模为3.2～2.3。粗集料采用碎石，其最大粒径不大于25mm，且小于钢筋净距的3/4，砂石的其他质量应分别符合GB/T 14684、GB/T 14685的规定。 钢筋混凝土电杆用混凝土强度等级不应低于C40；不允许内表面混凝土塌落、麻面、粘皮、蜂窝。混凝土质量控制应符合GB 50164的规定